普通高等教育“十三五”规划教材
——材料专业实验教材系列

材料物理性能实验教程

云南大学材料学科实验教学教研室　编

化学工业出版社
·北京·

《材料物理性能实验教程》是依据材料科学与工程教学指导委员会材料相关专业规范的要求，根据高等学校材料化学、材料物理、无机非金属材料工程本科专业的培养目标编写而成的。本教程针对材料物理、材料化学与无机非金属材料工程本科专业，收集、整理和设计了若干个当前比较成熟的、常用的有关材料物理性能实验，每个实验主要包含实验目的、实验原理、实验设备和材料、实验内容与步骤、实验报告、问题与讨论以及参考文献等内容，旨在为学生和指导教师提供尽可能完备与系统的实验指导。力求使学生熟练地掌握材料物理性能实验的基本操作技能，并使学生在实验动手能力方面得到进一步的培养与提高。

《材料物理性能实验教程》可作为高等院校材料物理、材料化学和无机非金属材料工程专业，以及物理、化学和其他材料类等专业本科生的实验教学用书，各学校可以根据自身实验条件和学科特点有选择性地开设实验，亦可供相关人员参考。

图书在版编目（CIP）数据

材料物理性能实验教程/云南大学材料学科实验教学教研室编. —北京：化学工业出版社，2017.11（2024.1重印）
普通高等教育"十三五"规划教材——材料专业实验教材系列
ISBN 978-7-122-30744-6

Ⅰ.①材… Ⅱ.①云… Ⅲ.①工程材料-物理性能-实验-高等学校-教材 Ⅳ.①TB303-33

中国版本图书馆 CIP 数据核字（2017）第 247092 号

责任编辑：尤彩霞
责任校对：边　涛　　　　装帧设计：史利平

出版发行：化学工业出版社（北京市东城区青年湖南街 13 号　邮政编码 100011）
印　　装：北京科印技术咨询服务有限公司数码印刷分部
710mm×1000mm　1/16　印张 10½　字数 211 千字　2024 年 1 月北京第 1 版第 3 次印刷

购书咨询：010-64518888　　　　售后服务：010-64518899
网　　址：http://www.cip.com.cn
凡购买本书，如有缺损质量问题，本社销售中心负责调换。

定　　价：39.00 元

前言

FOREWORD

《材料物理性能实验教程》是针对材料物理、材料化学和无机非金属材料工程各专业大学三年级学生的实验课程，是伴随《材料性能学》课程而开设的独立实验课程，是理论教学的深化和补充，具有较强的实践性，是一门重要的实验基础课。目前已有的同类教材或教程中，无机化学实验、材料物理实验、材料物理基础实验等的内容主要以满足材料物理、环境、化学、化工、食品、生物等专业的要求为主，而面向材料专业，特别是能满足材料物理、材料化学和无机非金属材料工程专业需求的教材并不多。同时，由于各高等学校在材料科学与工程学科相关本科专业的培养目标方面各有特色和侧重，已有的同类教材或教程也不能很好地满足各高校对材料各专业本科生培养的要求和需要。为此，我们从 2000 年开始，针对材料化学、材料物理本科专业编写了适合其培养方案要求和学科特色发展的材料物理性能实验讲义。2009 年新增无机非金属材料工程本科专业后，对实验讲义进行了修订和增补，以满足三个本科专业在材料物理性能实验的要求和需要。经过 6 年的使用、修改和完善，本实验讲义在内容、形式、完整性和系统性等方面已达到相关要求。

《材料物理性能实验教程》是依据材料科学与工程教学指导委员会材料相关专业规范的要求，根据高等学校材料化学、材料物理、无机非金属材料工程本科专业的培养目标编写而成的。本教程针对材料物理、材料化学与无机非金属材料工程本科专业，收集、整理和设计了若干个当前比较成熟的、常用的有关材料物理性能实验，每个实验主要包含实验目的、实验原理、实验设备和材料、实验内容与步骤、实验报告、问题与讨论以及参考文献等内容，旨在为学生和指导教师提供尽可能完备与系统的实验指导。力求使学生熟练地掌握材料物理性能实验的基本操作技能，并使学生在实验动手能力方面得到进一步的培养、训练与提高。

本书的编写是多年来从事材料物理与化学制备实验教学工作的老师们共同努力的结果。本教程参加编写的有肖雪春（力学性能实验）、陈刚（电学性能实验）、管洪涛（磁学性能实验）、王莉红（光学性能实验）、黄强（热学性能实验）。全文由王毓德教授统稿。

本教程由云南省支持高等职业院校专业建设专项经费资助出版。

由于笔者水平有限和经验不足，书中难免有不一些不妥和疏漏之处，敬请读者批评指正。

编者

2017 年 9 月

前言

《材料物理性能实验教程》[illegible]

[illegible]

《材料物理性能实验教程》是依据材料科学与工程教学指导委员会[illegible]

[illegible]

[illegible]

由于编者水平有限和经验不足，书中难免有不[illegible]，敬请读者批评指正。

编者

2017年9月

目录

CONTENTS

第一章 力学性能实验

实验一　金属材料的拉伸实验

一、实验目的

1. 测定低碳钢在拉伸过程中的几个主要力学性能指标：抗拉强度 σ_b、相对伸长率 $\delta\%$、断面收缩率 $\psi\%$。

2. 测定高碳钢的屈服强度 $\sigma_{0.2}$。

3. 掌握液压万能实验机的操作。

二、实验原理

金属的拉伸实验是检验金属材料力学性能普遍采用的一种极为重要的方法，通过拉伸实验，可确定金属力学性能四大指标（抗拉强度、屈服强度、相对伸长率、断面收缩率），这些指标是结构设计的主要依据。在制造和建筑工程等许多领域，有许多机械零件或建筑构件是处于受拉状态，为了保证构件能够正常工作，必须使材料具有足够的抗拉强度，这就需要测定材料的性能指标是否符合要求，其测定方法就是对材料进行拉伸试验。因此，金属材料的拉伸试验及测得的性能指标，是研究金属材料各种使用条件下，确定其工作可靠性的重要手段之一，是发展金属新材料不可缺少的重要手段，所以拉伸试验是测定材料力学性能的一个基本实验。

物体在外力的作用下会发生变形，随着外力不断增大，变形程度亦相应增加，当外力去除后，物体又恢复到原来的形状，这种变形称为弹性变形；外力去除后，物体不能恢复到原来的形状，这种变形称为塑性变形。

当外力达到某定值后，金属呈塑性变形的性质，随着外力不断增加，金属材料对塑性变形的抗力也相应增大的现象，称之为形变强化或加工硬化。在断裂前能承受较大塑性变形的金属材料，称为高塑性变形材料；反之，称之为低塑性变形材料。

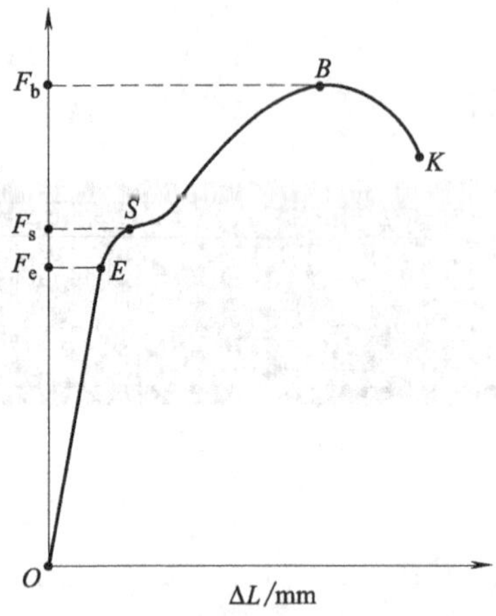

图 1-1 退火低碳钢的拉伸曲线

1. 拉伸曲线

材料的性质不同，拉伸曲线形状也不相同。图 1-1 为退火低碳钢的拉伸曲线，图中纵坐标表示力 F，单位为 N；横坐标表示绝对伸长 ΔL，单位为 mm。以退火低碳钢拉伸曲线为例说明拉伸过程中几个变形阶段。

(1) OE——弹性变形阶段　试样的伸长量与载荷成正比增加，此时若卸载，试样能完全恢复原状。F_e 为能恢复原状最大拉力。

(2) ES——屈服阶段　当载荷超过 F_e 时，试样除产生弹性变形外，开始出现塑性变形，此时若卸载，试样的伸长只能部分恢复。当载荷增加到 F_s 时，图形上出现平台，即载荷不增加，试样继续伸长，材料丧失了抵抗变形的能力，这种现象叫屈服。

(3) SB——均匀塑性变形阶段　载荷超过 F_s 后，试样开始产生明显塑性变形，伸长量随载荷增加而增大。F_b 为试样拉伸试验的最大载荷。

(4) BK——缩颈阶段　载荷达到最大值 F_b 后，试样局部开始急剧缩小，出现“缩颈”现象，由于截面积减小，试样变形所需载荷也随之降低，K 点时试样发生断裂。

温度、应力状态和加载速度（拉伸速度）对金属材料的力学性质四大指标有显著的影响，所以，这三个条件必须保持恒定。光滑试样是为了避免因缺口效应而造成表面出现应力集中。轴向拉伸是指在试验过程中，试样不允许倾斜或偏心，采用圆试样可使塑性指标 $\psi\%$ 的测量更为方便和精确。

2. 强度指标

金属材料的强度是用应力来度量的，即单位截面积上的内力称为应力，用 σ 表示。常用的强度指标有屈服点和抗拉强度。

(1) 抗拉强度 σ_b　材料在拉断前所承受的最大应力。抗拉强度表示材料抵抗均匀塑性变形的最大能力，是设计机械零件和选材的主要依据。

$$\sigma_b = F_b/S_0 \tag{1-1}$$

式中，F_b 为试样断裂前所承受的最大载荷，N。

(2) 屈服点 σ_s　材料产生屈服时的最小应力，单位 MPa。屈服点表征金属发生明显塑性变形的抗力，因此它是机械设计的主要依据。

$$\sigma_s = F_s/S_0 \tag{1-2}$$

式中，F_s 为屈服时的最小载荷，N；S_0 为试样原始截面积，mm^2。

对于无明显屈服现象的金属材料（如铸铁、高碳钢等）测定 σ_s 很困难，通常规定产生 0.2%塑性变形时的应力作为条件屈服点，用 $\sigma_{0.2}$ 表示。

3. 屈服强度$\sigma_{0.2}$的定义及测试原理

$\sigma_{0.2}$是金属材料微量塑性形变抗力指标，它是金属力学性能的重要指标之一。规定塑性变形为其标准长度的0.2%时对应的应力，以$\sigma_{0.2}$来表示。

$\sigma_{0.2}$的测试采用引伸仪测量法，测验$\sigma_{0.2}$可使用任何类型的引伸仪，如表式、镜式、杠杆式等，通常用表式引伸仪测量。测$\sigma_{0.2}$有两种方法：等级加荷法和控制变形法。现将控制变形法介绍如下：

（1）测量出经检验合格的试样的半径r，测量三次算出其平均值r，估算出要加给试样的初应力σ_0（对于钢试样以49N/mm^{2}来估算）；

（2）将试样安装在引伸仪上，对引伸仪进行调零后，将安有引伸仪的试样安装在万能试验机的夹具上；

（3）启动试验机，加载初载荷使试样达到初应力σ_0，保持5～10s后，读取引伸仪上的表格数，作为试验之起点；

（4）此后向试样施加一系列载荷并保持5～10s，同时测定每次卸荷至σ_0时，引伸仪上的表格数，如此往复进行下去，直至试样的残余伸长等于或大于原标距长度的0.2%时，停止试验。

引伸仪的基础长度为100mm，分度值为0.01mm，由$\sigma_{0.2}$的定义而知，规定塑性变形为其标准长度的0.2%时对应的应力，则引伸仪上相当于标距长度的0.2%的残余伸长的换算方法为：100×0.2%＝0.2mm，引伸仪每格为0.01mm，故0.2mm的残余伸长相当于20格。下面我们以具体的实例来解释控制变形测量法，$\sigma_{0.2}$的试验测试记录如表1-1所示。

表1-1 $\sigma_{0.2}$的测试记录

载荷/N	引伸仪读数/格	残余伸长/格	载荷/N	引伸仪读数/格	残余伸长/格
3920	10		60760	67	—
35280	32	—	3920	29.5	19.5
3920	11.3	1.3	62230	71	—
57330	53	—	3920	31.4	21.4
3920	17.5	7.5			

控制变形法是以实验中达到规定的变形为主，而不管载荷的情况如何，以试样的初始应力σ_0为3920N为例，加载荷至3920N，读下引伸仪的读数为10格，则第一次引伸仪的总变形控制的计算方法为起始格数＋要求的残余伸长格数（通过前面的换算为20格），以测试记录为例，第一次引伸仪的总变形为10格＋20格＋2格＝32格，考虑到弹性变形计算在内，故还应人为加1～2格。通过控制变形格数来给试样加载荷，比如达到32格需35280N的载荷，记下数值，然后卸载至3920N时，引伸仪的读数为11.3格，则残余伸长为引伸仪的读数－起始格数，即11.3格－10格＝1.3格。

第二次引伸仪的总变形控制的格数为：第一次的控制总变形格数＋（规定格数20格－第一次测得的残余伸长格数）＋2格，即32格＋（20格－1.3格）＋2格＝52.7≈53格。继续通过控制变形格数来给试样加载荷，比如达到53格（需57330N

的载荷），记下数值，然后卸载至 3920N 时，引伸仪的读数为 17.5 格，则残余伸长为引伸仪的读数－起始格数，即 17.5 格－10 格＝7.5 格。

第三次引伸仪的总变形控制的格数为：第二次的控制总变形格数＋（规定格数 20 格－第二次测得的残余伸长格数）＋2 格，即 53 格＋（20 格－7.5 格）＋2 格＝67.5 格≈68 格。继续通过控制变形格数来给试样加载荷，比如达到 68 格（需 60760N 的载荷），记下数值，然后卸载至 3920N 时，引伸仪的读数为 29.5 格，则残余伸长为引伸仪的读数－起始格数，即 29.5 格－10 格＝19.5 格。

以此类推，直至某次卸载至 σ_0 而产生的残余伸长大于或等于 20 格时，停止试验。

从表 1-1 中可知：$P_{0.2}\approx 60760\text{N}$，然后用内插法进行精确计算：

$$62230-60760=1470\text{N}$$

$$21.4-19.5=1.9\text{ 格}$$

用此法计算应添加于 60760N 上的载荷 ΔP：

1470N—1.9 格

ΔP——0.5 格

所以 $P_{0.2}=60760\text{N}+387.1=61147.1\text{N}$，故 $\sigma_{0.2}=\dfrac{61147.1}{\pi r^2}\text{N/mm}^2$

4. 相对伸长率 $\delta\%$ 和断面收缩率 $\psi\%$ 的测定

拉伸时，当应力超过弹性极限后，金属继续发生弹性变形的同时，开始发生塑性变形。金属塑性变形主要是材料晶面间由于切应力作用而产生的滑移，材料产生塑性变形的能力叫做塑性。为了表示材料塑性的大小，拉伸时以相对伸长率 $\delta\%$ 和断面收缩率 $\psi\%$ 来表示。

（1）相对伸长率的测定

$$\delta=\frac{\Delta L}{L_0}\times 100\%=\frac{L_1-L_0}{L_0}\times 100\% \qquad (1\text{-}3)$$

式中，L_0 为试样原始标距长度，mm；L_1 为试样断裂后标距长度，mm；ΔL 为试样断裂后标距绝对伸长量，mm。

对于塑性材料，断裂前变形集中在缩颈处，这部分变形最大，距离断口位置越远，变形越小。因此，断口所在标距间的位置对相对伸长率是有影响的。其中以断口在试样正中时最大。为弥补断口位置不当对 $\delta\%$ 值产生的影响，人们规定了补偿法。

以标准长度为 100mm，且划分为 10 格的试样为例，来进行说明补偿法。

① 将试样的距离近似三等份，若断口在中间四格内，则绝对伸长率，可一次测量 10 格，而不用补偿法。反之，则要采用补偿法，也就是断口移中法。

② 断口移中法：如图 1-2 所示，试验前将试样原始标距 L_0 细分为 N（例如 10）等份，在试验后，以符号 X 表示断裂后试样短段的标距标记，以符号 Y 表示断裂试样长段的等分标记，此标记与断裂处的距离最接近于断裂处至标距标记 X

的距离。如 X 与 Y 之间的分格数为 n，可按下述情况分别测定断后伸长率：

A. 若 $N-n$ 为偶数时，如图 1-2（a）所示，测量 X 与 Y 之间的距离和测量从 Y 至距离为 $1/2\ (N-n)$ 个分格的 Z 标记之间的距离，则计算断裂伸长率公式为

$$A=\frac{XY+2YZ-L_0}{L_0}\times 100\% \quad (1\text{-}4)$$

B. 若 $N-n$ 为奇数时，如图 1-2（b）所示，测量 X 与 Y 之间的距离，和测量从 Y 至距离分别为 $1/2\ (N-n-1)$ 和 $1/2\ (N-n+1)$ 个分格的 Z' 和 Z 标记之间的距离，则计算断裂伸长率公式为

$$A=\frac{XY+YZ'+YZ-L_0}{L_0}\times 100\% \quad (1\text{-}5)$$

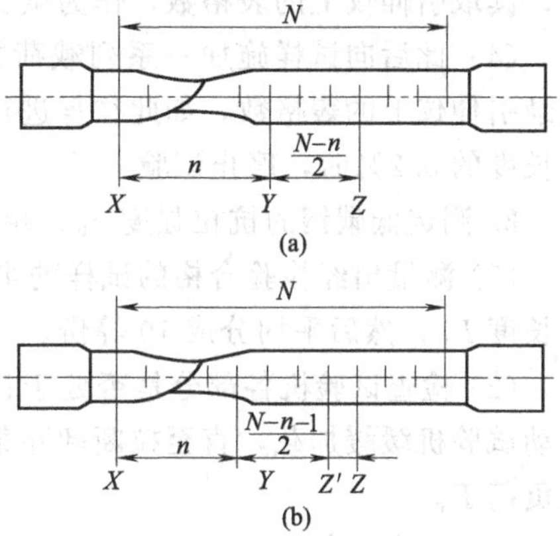

图 1-2　断口移中方法的图示说明

（2）断面收缩率的测定

断面收缩率 ψ 是试样拉断后，其颈缩处的断面相对收缩值，表达式为：

$$\psi=\frac{A_0-A_K}{A_0}\times 100\% \quad (1\text{-}6)$$

式中，A_0 为试样原始截面积，A_K 为试样断面处最小截面积。

三、实验设备和材料

1. 实验设备：300 千牛顿液压万能试验机、游标卡尺、引伸仪。

2. 实验材料：低碳钢、高碳钢。试样尺寸与加工按 GB 6397 — 1986 标准进行，光滑拉伸试样尺寸，圆形截面比例试样通常取 $l=10d$ 或 $l=5d$，如图 1-3 所示。

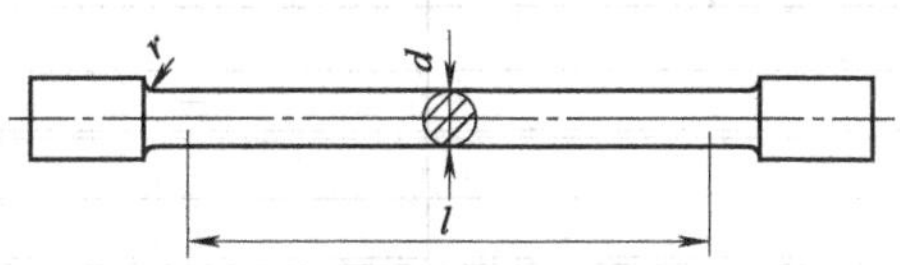

图 1-3　低碳钢圆形截面试样

四、实验内容与步骤

1. 测定高碳钢的屈服强度 $\sigma_{0.2}$

（1）测量出经检验合格的试样的半径 r，测量三次算出其平均值 $r_{平}$，估算出要加给试样的初应力 σ_0（对于钢试样以 $49N/mm^2$ 来估算）。

（2）打开试验机的电源开关，启动电机。将试样安装在万能试验机的夹具上，再把引伸仪安装在试样上，对引伸仪进行调零。

(3) 启动试验机，打开加油阀加初载荷使试样达到初应力 σ_0，保持 5～10s 后，读取引伸仪上的表格数，作为试验之起点。

(4) 此后向试样施加一系列载荷并保持 5～10s，同时测定每次卸荷至 σ_0 时，记录引伸仪上的表格数，如此往复进行下去，直至试样的残余伸长等于或大于原标距长度的 0.2%时，停止试验。

2. 测定低碳钢的抗拉强度 σ_b、相对伸长率 $\delta\%$、断面收缩率 $\psi\%$

(1) 测量出经检验合格的试样的半径 r，测量三次算出其平均值 $r_{平}$，测量试样的长度 L_0，然后平均分成 10 等份。

(2) 检查试验机各部分是否处于正常工作状态，将试样夹持在试验机夹头上，开动试验机缓缓加载，直至拉断卸除载荷，关闭电源使试验机停止工作，记录下最大负荷 P_b。

(3) 实验结束，从实验机上下夹具内取出已被拉断的试样，将试件两截口吻合好，仍用游标卡尺量取并记下两标距线之间的长度 L_1；量取并记下断口处的最小直径 d_K。各数据填入相应表格。

五、实验报告

1. 简述各项指标测试的原理及步骤。
2. 按表 1-2、表 1-3 认真完成数据记录。
3. 根据记录及各项指标的定义计算得出各项指标。

表 1-2　高碳钢 $\sigma_{0.2}$ 的测试数据记录

项　目	1	2	3
高碳钢的半径/mm			
半径平均值/mm			
载荷名称	载荷数据(单位)	引伸仪读数/格	残余伸长/格
初应力			
所加应力			—
初应力			
所加应力			—
初应力			
所加应力			

表 1-3　低碳钢各项测试数据记录

项　目	1	2	3
低碳钢的半径/mm			
半径平均值/mm			
低碳钢的长度/mm			
长度平均值/mm			
断口处的最小直径 d_K/mm			
拉断后两标距线之间的长度 L_1			
拉断试样所需的最大载荷(单位)			

六、问题与讨论

1. 拉伸试验所确定的各项力学性能指标有什么实验价值？
2. 低碳钢拉伸图大致可分几个阶段？每个阶段中力和变形有什么关系？

参考文献

李国安．材料力学性能实验指导．武汉：华中科技大学出版社，2002.

实验二 金属材料的冲击实验

一、实验目的

1. 了解冲击韧性的含义。
2. 掌握金属材料的冲击实验方法。
3. 了解摆锤式冲击实验机的构造原理和操作方法。

二、实验原理

通过金属材料的静载荷实验（拉力、强度、弯曲压力、持久、蠕变等），可以得到许多有重要意义的力学性能指标，然而在工程结构中常见的机器设备却多数是在动力载荷下工作的，如凿岩机、起重机、锻锤、轧钢机等，冲击载荷是指作用力在极短时间内有很大变化幅度的载荷。在实际应用中，受冲击载荷作用的构件，特别是用高强度低塑性材料制造的零件，往往会发生无预兆的突然断裂而造成重大事故，因此研究构件在冲击载荷作用下的力学性能具有重要的现实意义。实践证明，冲击实验对材料的缺陷很敏感，如金属中的晶粒粗细、回火脆性、过热、过烧、内部裂纹、白点、夹杂、纤维组织的各向异性等都会在冲击实验中暴露出来，因此它也是评定原材料的冶金质量和热加工后的半成品质量的有效方法。另外，应力集中和实验温度对冲击韧性的影响也较大，该实验也被用于确定材料的冷脆倾向及冷脆转变温度。由于冲击试样加工简便，实验时间短，同时容易辨认出材料及金属热处理工艺选择是否合理等，所以，冲击实验在生产实践中得到了广泛的采用。

冲击实验是一种动态力学试验，其方法有一次摆锤冲击实验、落锤实验和爆破实验等，常用的是摆锤冲击实验，它是将一定形状及尺寸的试样放置在冲击试验机的固定支座上，然后将具有一定位能的摆锤释放，使试样在冲击弯曲负荷的作用下弯曲断裂。

冲击实验一般分为单冲击与反复冲击两大类。单冲击一次将材料冲断，由材料断裂时所吸收的能量来比较其韧性的大小。反复冲击则是将一定重量的锤从一定高度落下而反复冲击试样，以破断时的冲击次数来比较材料的脆韧性。一般金属材料的冲击实验采用单冲击，反复冲击适用于特种材料，其方法类似于疲劳实验。

1. 冲击韧性的定义

用冲断试样所消耗的功 A_K，除以试样缺口处的横截面积 A_0 所得的商称为冲击韧性（或冲击值），用 α_K 表示：

$$\alpha_K=\frac{A_K}{A_0} \tag{2-1}$$

式中，α_K 的单位为 J/mm^2。α_K 的值越大，表明材料的抗冲击性能越好，它与材料的内部缺陷、晶粒大小、温度变化、试样的尺寸、缺口形状和支承方式等因素有关。

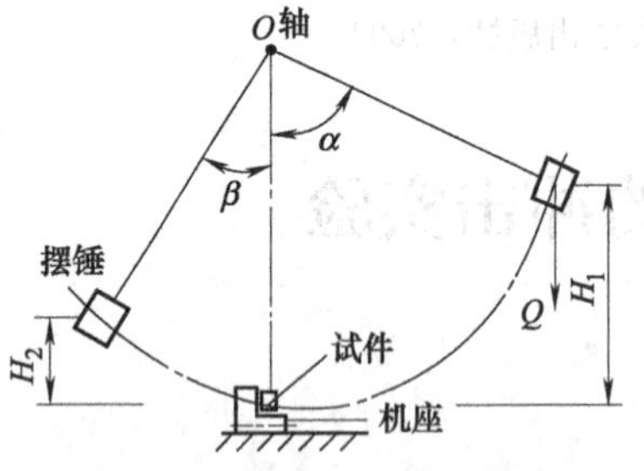

图 2-1　冲击实验机的原理图

2. 冲击试验机的原理

图 2-1 所示为冲击实验机原理图，钢制的摆锤悬挂在轴上，实验时把摆锤放在如图 2-1 所示的 α 角位置，于是摆锤具有一定的位能。

试验时，令摆锤下落，冲断试件。试件折断所消耗的能量等于摆锤原来的位能（α 角处）与其冲断试件后在扬起位置（β 角处）时的位能之差。如不计摩擦损失及空气阻力等因素，那么摆锤对试件所做的功 W 可按下式计算

$$W=QH_1-QH_2 \tag{2-2}$$

$$\left.\begin{aligned}H_1&=L(1-\cos\alpha)\\H_2&=L(1-\cos\beta)\end{aligned}\right\} \tag{2-3}$$

式中，L 为摆杆长度，H 为摆锤的高度。

将式（2-3）代入式（2-2）得

$$\begin{aligned}W&=Q(H_1-H_2)=Q[L(1-\cos\alpha)-L(1-\cos\beta)]\\&=QL(\cos\beta-\cos\alpha)\end{aligned} \tag{2-4}$$

式中，α 为冲击前摆锤扬角；β 为冲断试件后摆锤升起角。

由于摆锤重量、摆杆长度和冲击前摆锤扬角 α 均为常数，因而只要知道冲断试件后摆锤升起角 β，即可根据上式算出消耗于冲断试件的功。本试验机已经预先根据上述公式将相当于各升起角 β 的功的数值算出并直接输入到仪器中，因此冲击后可以直接读出试件所吸收的功。

三、实验设备和材料

1. 实验设备：ZBC-300B 液晶全自动金属摆锤冲击试验机。

2. 实验材料：铸铁。我国采用梅氏试样为标准试样（图 2-2），梅氏试样有加工方法简单的特点，但因缺口处半径过大，可造成脆性转化温度降低，故国外都广

泛采用夏比（Charpy）V 型缺口试样，这不但能使脆性转化温度升高，而且作为向断裂力学方法的过渡也具有重要意义。

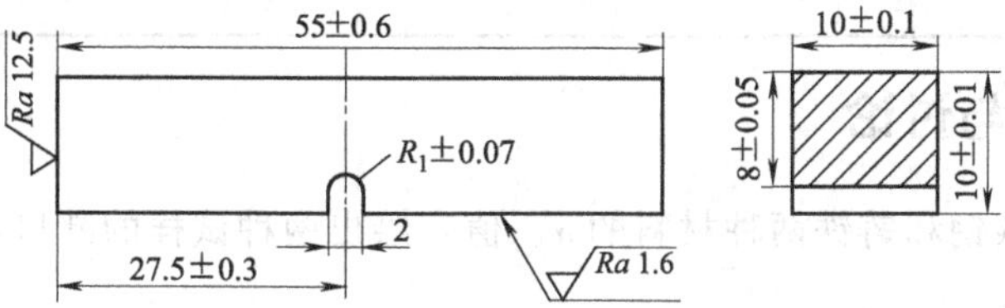

图 2-2　标准试样尺寸（单位：mm）

四、实验内容与步骤

（一）操作步骤

1. 开机，同时打开打印机电源开关，按下“联机”键。

2. 摆锤自由下垂，无任何动作执行的前提下，按“清零”键，之后“起摆”进行空摆冲击，此时的吸收功为空摆的能量损失。

★注意：必须在摆锤处于垂直不动状态下执行此动作，尤其不能在其它动作执行中按下“清零”键。此点尤其重要。

3. 进行参数设置。

4. 按“取摆”锤（摆锤应逆时针转动）。

5. 安装试样在支座上。

6. 退销：按“退销”键，保险销退销。

7. 冲击试样：按“冲击”键，摆锤靠自重绕轴开始进行冲击。

★注意：必须先执行“退销”动作，冲击指令才会生效。

8. 放摆：按“放摆”键，保险销自动退销。当摆锤转至接近垂直位置时，便自动停摆。

9. 打印数据。

（二）注意事项

1. 常温冲击试验必须严格控制实验室温，一般要求在（20±5)℃的范围内，因室温的高低对试样的韧脆状态转化有影响。如在室温下有脆性转化趋势的材料，可能因为室温过高而被掩饰了，故对室温必须严格规定。

2. 不同尺寸试样所得 α_K 值不可相互比较。

3. 在摆锤摆动范围内，不得有任何人员活动或放置障碍物，以保证安全。

五、实验报告

1. 简述冲击实验的原理和应用。

2. 整理试验数据，记录于表 2-1，对实验结果进行分析和讨论。

表 2-1 冲出实验结果记录

材料	铸铁	低碳钢
$\alpha_K/(J/mm^2)$		
断口形貌		

六、问题与讨论

1. 比较低碳钢和铸铁两种材料的 α_K 值，绘出两种试样的断口形貌，指出各自的特征。

2. 如何通过冲击实验后的冲击断口来评定材料的断裂性质和缺陷？

参 考 文 献

李国安．材料力学性能实验指导．武汉：华中科技大学出版社，2002.

实验三 金属材料的压缩实验

一、实验目的

1. 测定压缩时低碳钢的屈服极限 σ_s 和铸铁的强度极限 σ_b。

2. 观察低碳钢和铸铁压缩时的变形破坏现象，并进行比较。

二、实验原理

压缩实验在万能试验机工作台上进行。在工作台上附有球形支座，如图 3-1 所示。在球形支座内涂有润滑油，当试件上下端面稍有不平行时，球形支座可自动调节，使压力趋于均匀分布。

1. 低碳钢

以低碳钢为代表的塑性材料，轴向压缩时会产生很大的横向变形，但由于试样两端面与试验机支承垫板间存在摩擦力，约束了这种横向变形，故试样出现显著的鼓胀，如图 3-2 所示。

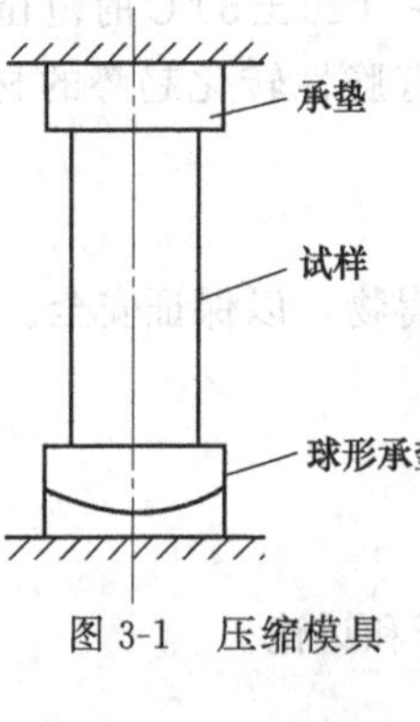

图 3-1 压缩模具

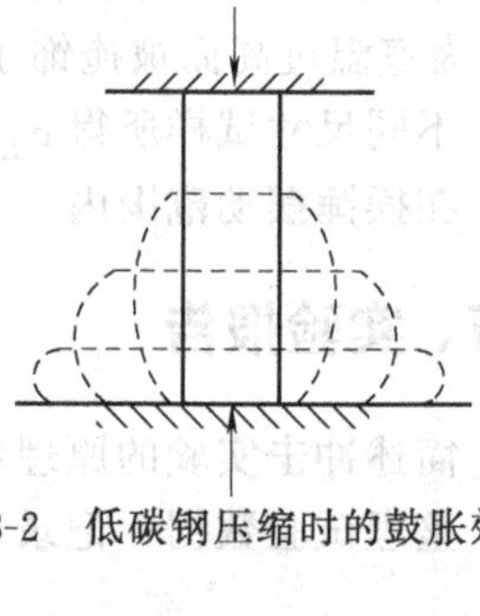

图 3-2 低碳钢压缩时的鼓胀效应

低碳钢试样压缩时同样存在弹性极限，屈服极限，而且数值和拉伸所得的数值差不多，但是屈服却不像拉伸那样明显。如图 3-3 所示。从进入屈服阶段开始，试样塑性变形就有较大的增长，试样截面面积随之增大。由于截面面积的增大，要维持屈服时的应力，载荷要相应增大。与拉伸曲线相比，载荷也是上升的，但看不到锯齿段。在缓慢均匀加载下，当材料发生屈服时，载荷增长缓慢，这时所对应的载荷即为屈服载荷 F_s（此值要结合自动绘图绘出的压缩曲线中的拐点判定）。

则低碳钢的屈服极限 σ_s 由公式（3-1）得出：

$$\sigma_s(\mathrm{kN/mm^2})=\frac{F_s}{A_0} \tag{3-1}$$

式中，F_s为屈服载荷，N；A_0为试样的横截面积，mm^2。

2. 铸铁

铸铁试样压缩时，在达到最大载荷 P_b前将会产生较大的塑性变形，最后沿与轴线成 45°的断裂面破坏，如图 3-4 所示。

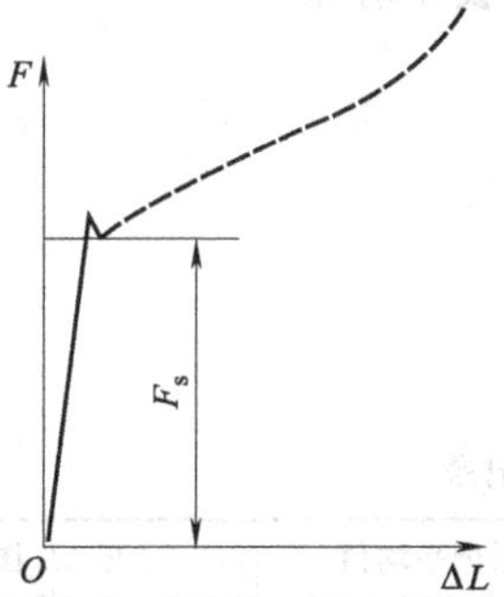

图 3-3 低碳钢的压缩曲线

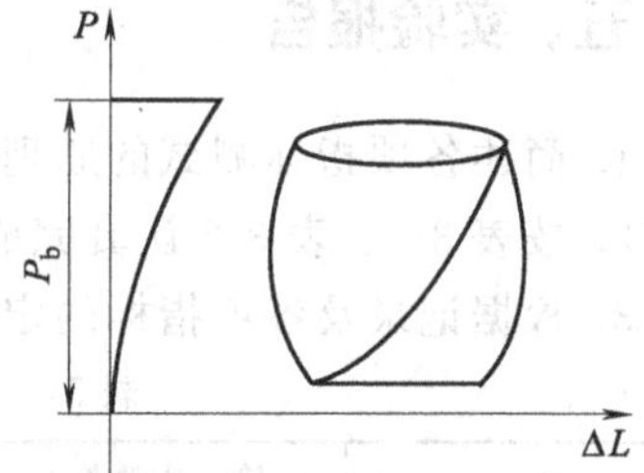

图 3-4 铸铁的压缩曲线

则铸铁的强度极限 σ_b 由式（3-2）得出：

$$\sigma_b(\mathrm{N/mm^2})=\frac{P_b}{A_0} \tag{3-2}$$

式中，P_b为屈服载荷，N；A_0为试样的横截面积，mm^2。

三、实验设备和材料

1. 实验设备：300 千牛顿液压万能试验机、游标卡尺。

2. 实验材料：低碳钢、铸铁。压缩试件一般加工成圆柱形，如图 3-5 所示。h 为试件高度，d 为试件直径。为了使在相同实验条件下，对不同材料力学性能进行比较，金属材料压缩实验所用试件规定，高度 h 与直径 d 之比应满足 $1\leqslant h/d\leqslant 3$，为使试件尽可能承受轴向压力，试件上下端面必须平行，并且与轴线垂直。

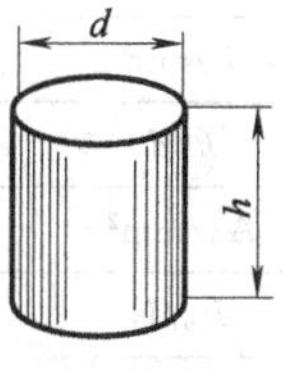

图 3-5 标准试样

四、实验内容与步骤

1. 尺寸测量，数据记录于表 3-1 和表 3-2 中。

（1）用游标卡尺测量试件中截面两个互相垂直方向的直径各一次，取其平均值作为试件原始直径 d 的值。

（2）测量试件原始高度 h 的值一次。

2. 根据铸铁强度极限，估计破坏时最大载荷，选择合适的测力表盘和相应的配重盘。

3. 调整实验机指针使其对准零点，将从动针与主动针靠拢。

4. 将试件放在实验机台中心位置上，合上电源，关闭回油阀，打开送油阀，使工作台上升，当试件与压头靠近时，应减慢上升速度。

5. 试件受力后，应缓慢均匀地加载，注意记录低碳钢的屈服载荷。铸铁试件压缩时试件断裂后，要先停机然后记录最大载荷。

6. 打开回油阀，使工作台下降，取下试件，观察破坏情况。

五、实验报告

1. 简述各项指标测试的原理及步骤。

2. 按表 3-1、表 3-2 认真完成数据记录。

3. 根据记录及各项指标的定义计算得出各项指标。

表 3-1　低碳钢 σ_s 的测试数据记录

试样尺寸 d/mm	第一次测量	第二次测量	测量平均值	F-ΔL 图
h/mm				
h/d				
A_0/mm²				破坏断口形貌描述
F_s/N				
σ_s/(N/mm²)				

表 3-2　铸铁 σ_b 的测试数据记录

试样尺寸 d/mm	第一次测量	第二次测量	测量平均值	P-ΔL 图
h/mm				
h/d				
A_0/mm²				破坏断口形貌描述
P_b/N				
σ_b/(N/mm²)				

六、问题与讨论

1. 铸铁压缩试件的制备有什么要求？为什么？
2. 描述铸铁压缩破坏断口形状，分析其破坏原因。

参 考 文 献

李国安．材料力学性能实验指导．武汉：华中科技大学出版社，2002.

实验四　金属的硬度实验

一、实验目的

1. 了解不同种类硬度测定的基本原理及常用硬度试验法的应用范围。
2. 掌握洛氏硬度机的使用方法。

二、实验原理

金属的硬度是决定材料力学性能的主要指标之一，金属的硬度是金属材料表面在接触应力作用下抵抗塑性变形的一种能力。硬度测量能够给出金属材料软硬程度的数量概念。由于在金属表面以下不同深处材料所承受的应力和所发生的变形程度不同，因而硬度值可以综合地反映压痕附近局部体积内金属的弹性、微量塑性变形抗力、塑性变形强化能力以及大量变形抗力。硬度值越高，表明金属抵抗塑性变形的能力越大，材料产生塑性变形就越困难。另外，硬度与其他力学性能（如强度、塑性）之间有着一定的内在联系，所以从某种意义上说硬度的大小对检查产品质量、确定金属材料的合理加工工艺及使用寿命，都起着决定性的作用。

常用的硬度试验方法有：

布氏硬度试验——主要用于测量铸铁、非铁金属及经过退火、正火和调质处理的钢材。

洛氏硬度试验——主要用于测量成品零件。

维氏硬度试验——主要用于测定较薄材料和硬材料。

显微硬度试验——主要用于测定显微组织组分或相组分的硬度。

1. 布氏硬度

布氏硬度，是1900年瑞典工程师布里波尔（T. A. Brinell）在研究热处理对轧钢组织的影响时提出的。

布氏硬度实验是在一定的载荷（P）作用下，将一定尺寸的标准钢球压入试件，如图 4-1（a）所示。

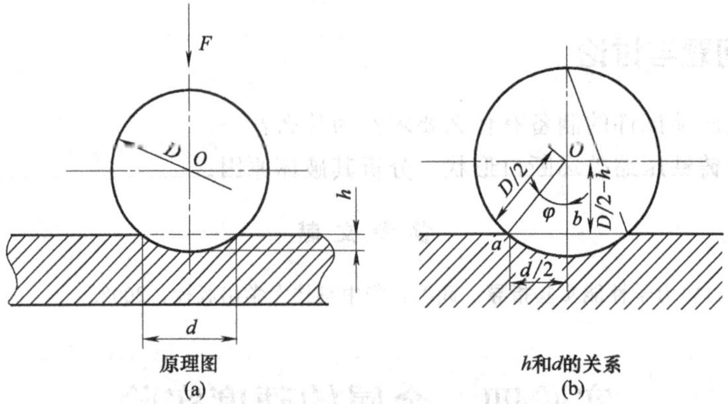

图 4-1　布氏硬度的试验原理

保持一定时间后去除载荷，测量由钢球压出的压痕直径（d），计算出压痕面积（S），再根据式（4-1）计算出单位面积上所受的压力，即为布氏硬度值，符号为 HB，单位是 N/mm^2。

$$HB(N/mm^2)=\frac{P}{S}=\frac{P}{\pi Dh} \tag{4-1}$$

式中，P 为所加载荷，N；D 为钢球直径，mm；h 为压痕深度，mm。由于测量压痕直径 d 要比测定压痕深度 h 容易，故可将式（4-1）中的 h 改换成 d 来表示，这可由图 4-1（b）中的直角 Δabo 中 $ob=\frac{D}{2}-h$，由勾股定律得：

$$ob=\sqrt{oa^2-ab^2}=\sqrt{\left(\frac{D}{2}\right)^2-\left(\frac{d}{2}\right)^2}=\frac{1}{2}\sqrt{D^2-d^2}$$

故：$ob=\frac{D}{2}-h=\frac{1}{2}\sqrt{D^2-d^2}$

则
$$h=\frac{D}{2}-\frac{1}{2}\sqrt{D^2-d^2}=\frac{1}{2}\left(D-\sqrt{D^2-d^2}\right) \tag{4-2}$$

将 h 代入公式（4-1）得：

$$HB=\frac{2P}{\pi D\left(D-\sqrt{D^2-d^2}\right)} \tag{4-3}$$

根据公式（4-3），试验后只要量出压痕直径 d，就可以得出布氏硬度值。在实际测量时，可根据 HB、D、P、d 的值所列成的表，若 D、P 已选定，则只需用读数测微尺（将实际压痕直径 d 放大 10 倍的测微尺）测量压痕直径 d，就可直接查表求得 HB 值。

由于金属材料有硬有软，所测工件有厚有薄，若采用同一种负荷（如 29400N）和钢球直径（如 10mm）时，则对硬的金属适合，而对软的金属就不合适，会使整个钢球陷入金属中；若对厚的工件适合，而对薄的金属则可能压透，所以规定测量不同材料的布氏硬度值时，要有不同的负荷和钢球直径，为了保持统一的、可以相互进行比较的数值，必须使 P 和 D 之间保持某一比值关系，以保证所得到的压痕形状的几何相似关系，其必要条件就是使压入角保持不变。

由图 4-1（b）可知：

$$\frac{d}{2}=\frac{D}{2}\sin\frac{\varphi}{2}, \text{即 } d=D\sin\frac{\varphi}{2} \tag{4-4}$$

将式（4-4）代入公式（4-3）则得：

$$HB=\frac{2P}{\pi D^2\left(1-\cos\frac{\varphi}{2}\right)} \tag{4-5}$$

大家知道，当用同一材料的钢球压入同一试件时，虽然钢球直径不同，但所测得 HB 硬度值应该相同。为达到这一目的，不仅应当保证压入角的不变 $\left[\text{即 }\pi\left(1-\cos\frac{\varphi}{2}\right)\text{为一常数}\right]$，而且试验还必须在与不同直径的钢球相对应的不同载荷下进行，也就是说必须满足 $P_1/D_1{}^2=P_2/D_2{}^2=\cdots=\mathrm{K}$，这个条件叫做相似条件。只要满足 $P/D^2=\mathrm{K}$ 这一条件，则对同一试件而言，其 HB 值必然相等，对不同试件其 HB 值的大小随压入角的大小而变，因此，就可以比较它们的硬度。

一般规定 P/D^2 为 30、25、15 三种，其中大多数布氏硬度计均采用 30，由它们所决定的载荷与钢球直径的实际规定值及使用范围，见表 4-1。

表 4-1 布氏硬度试验规范

材料种类	布氏硬度使用范围（HB）	试样厚度 /mm	载荷 P 与钢球直径 D 的关系	钢球直径 D /mm	载荷 /N	载荷保持时间/s
黑色金属	140～450	6～3	$P=30D^2$	10.0	2940	10
		4～2		5.0	7350	
		＜2		2.5	1837.5	
黑色金属	＜140	7～6	$P=10D^2$	10.0	98000	10
		6～3		5.0	2450	
		＜3		2.5	612.5	
有色金属	＞130	6～3	$P=30D^2$	10.0	29400	30
		4～2		5.0	7350	
		＜2		2.5	1837.5	
铜合金及镁合金	36～130	9～3	$P=10D^2$	10.0	98000	30
		6～3		5.0	2450	
		＜3		2.5	612.5	
铝合金及轴承合金	8～25	7～6	$P=2.5D^2$	10.0	2450	60
		6～3		5.0	612.5	
		＜3		2.5	152.9	

在使用布氏硬度计测出 HB 值后应该明确注明实验条件，一般的表示方法为：HB.D/P/秒，其中，D——钢球直径，P——载荷，秒——保持载荷的时间，如：直径为 1.0mm 的钢球，压力为 2940N，保载时间为 10s，HB 值为 250，则表示为：

$$HB.1.0/300/10=2450\mathrm{N/mm^2}$$

2. 洛氏硬度

洛氏硬度测量法简称洛氏法，它是用金刚石锥体或硬质钢球压头，根据试样的压痕深度来表示其硬度高低的试验方法，由美国人洛克韦尔（Rockwell）在1919年提出。

洛氏法所用金刚石圆锥体的锥角为120°，顶端球面半径为0.2mm，也可以用硬质钢球做压头，在预载荷 P_0 与载荷 P_1 的作用下，把压头压入试件，总载荷为；$P_{总}=P_0+P_1$。总载荷作用终了后，即卸除主载荷保留预载荷时的压入深度 h_1，它与在预载荷作用下的压入深度 h_0 之差，就可以表示洛氏硬度了。其原理见图4-2。此差值越大，则说明压入深度越深，试件的洛氏硬度也越低；反之，此差值越小，说明压入深度越浅，试件的硬度也越高。为了照顾习惯上数值越大硬度越高的概念，故用一个常数 k 减去 e 来表示洛氏硬度值，并以符号 HR 表示，即

$$HR=k-e \tag{4-6}$$

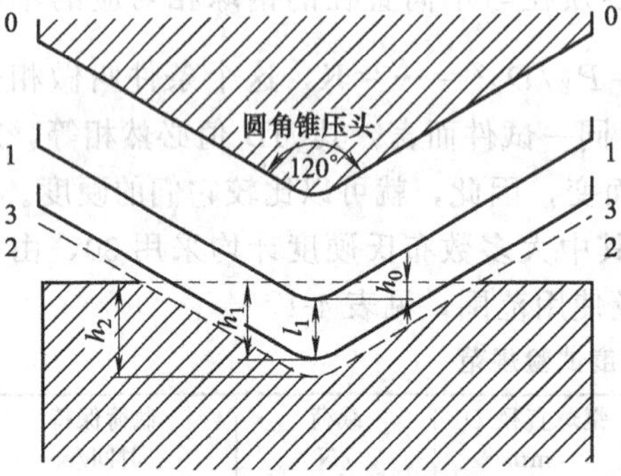

图4-2 洛氏硬度的试验原理

h_0——加下初载荷 P_0 后压头的位置；

h_2——加下初载荷 P_0 +主载荷 P_1 后压头的位置；

h_1——卸去主载荷 P_1 后压头的位置

当使用金刚石圆锥体压头时，常数 k 定为100；当使用淬火钢球压头时，常数 k 定为130。

实际测定洛氏硬度时，由于在硬度计的压头上方装有百分表，可直接测出压痕深度，并按式（4-6）换算出相应的硬度值。因此，在试验过程中金属的洛氏硬度可以直接读出。

为了测定软硬不同的金属材料的硬度，在洛氏硬度计上可选配不同的压头与试验力，组合成几种不同的洛氏硬度标尺。我国常用的标尺有A、B、C三种，其硬度值的符号分别用HRA、HRB、HRC表示。洛氏硬度试验规范和适用范围见表4-2。

表4-2 洛氏硬度试验规范

硬度级	符号	压头	载荷/N	适用范围	应用
A	HRA	金刚石圆锥	588	70～85	碳化物、硬质合金、淬火钢
B	HRB	1/6英寸钢球	980	25～100	软钢、铜合金、铝合金
C	HRC	金刚石圆锥	1470	20～67	淬火钢

由于洛氏硬度是以压入深度为单位，故规定试件被压入0.002mm，算作一个硬度单位，不难看出它的计算公式为：

对于A、C级

$$HRA(C)=100-\frac{h_1-h_0}{0.002} \tag{4-7}$$

对于B级

$$HRB=130-\frac{h_1-h_0}{0.002} \tag{4-8}$$

由上式可见洛氏硬度是不同金属试件压入深度的相互比较，通常人们用深度来表明洛氏硬度的高低，如硬度为 47HRC、硬度为 59HRB 等。

三、实验设备和材料

1. 实验设备：洛氏硬度机。
2. 实验材料：金属试样。

四、实验内容与步骤

洛氏硬度测量法简介。

下面以 HRC 为例，说明硬度的测量过程，参看图 4-2，试验的主要步骤是：

(1) 加预载荷 98N，保证试件与压头接触良好，压头处于图 4-2 中 1 的位置，压入深度为 h_0，硬度计百分表指针为零点。

(2) 加主载荷 1372N 后，在总载荷 1470N 时总压力深度为 h_1，则在主载荷的作用下，其压力深度为 h_1-h_0，故此时百分表指针的位置为：$\frac{h_1-h_0}{0.002}$，式中 h_1 包括弹性变形和塑性变形。

(3) 保持载荷一定时间，卸去主载荷，保留预载荷，由于弹性变形的恢复，表盘指针回转到$\frac{h_1-h_0}{0.002}$的距离，此时指针顺时针方向的位置为：$100-\frac{h_1-h_0}{0.002}$，这就是试件 HRC 值。

至于 HRA、HRB 的实验方法与上述相同，仅仅所用的压头、载荷不同而已。洛氏硬度的操作迅速，适用于生产，各种软硬材料均可测试，但是用不同硬度级测得的数值无法比较，对粗大组织的金属材料也不适用。与布氏硬度比较，其条件误差较大。

五、实验报告

1. 简述各硬度的定义及原理。
2. 按表 4-3 认真完成数据记录。
3. 根据记录及各项指标的定义计算得出各项指标。

表 4-3 洛氏硬度的测试数据记录

金属试样 1 *HRA*	第一次测量	第二次测量	测量平均值
金属试样 2 *HRA*	第一次测量	第二次测量	测量平均值

续表

金属试样 3 HRA	第一次测量	第二次测量	测量平均值

六、问题与讨论

1. 简述布氏硬度和洛氏硬度的试验原理、优缺点及应用。
2. 进行硬度试验时，应注意哪些基本要求？

参 考 文 献

李国安．材料力学性能实验指导．武汉：华中科技大学出版社，2002.

实验五　金属材料剪切弹性模量的测定实验

一、实验目的

1. 测定低碳钢的剪切弹性模量 G。
2. 验证剪切虎克定律。

二、实验原理

材料的剪切弹性模量 G 是衡量材料抵抗剪切变形能力的性能参数，也是材料的弹性常数之一，工程上在对受扭构件进行刚度设计或校核时，必须运用这一性能参数。

圆轴扭转时，若最大剪应力不超过材料的比例极限，则扭矩 T 与扭转角 Φ 存在线性关系

$$\Phi=\frac{TL_0}{GI_P} \tag{5-1}$$

式中，$I_P=\dfrac{\pi d^4}{32}$ 为圆截面的极惯性矩；d 为试件的直径（mm）；L_0 为标距（mm）；Φ 为距离等于 L_0 的两截面之间的相对扭转角；T 为扭矩。

扭矩 T 可由小型扭角试验台上所施加的外力偶矩通过静力平衡条件求得或直接从扭转试验机的测力度盘上读取；试样的原始标距 L_0 可用量具测得，其横截面上的极惯性矩 I_P 也可计算求得。但由于试样材料是在线弹性范围内试验其相对扭转角 Φ 很小，需采用扭角仪测取，将扭角仪的 A、B 两个环，如图 5-1 所示分别固定在试样标距两端截面上，当试样受扭时，固夹在试样上的 AC、BDE 臂杆就会绕试样轴线转动，推杆 BDE 将使安装在 AC 杆上的百分表指针走动。设指针走动的位移为 δ，百分表顶杆与试样轴线间的距离为 γ，则 A、B 两截面间的相对扭转角为

$$\Phi=\frac{\delta}{\gamma}(\mathrm{rad}) \tag{5-2}$$

若扭角仪百分表的读数在扭矩 T_i 时为 A_i，在下一级扭矩 T_{i+1} 时为 A_{i+1}，则百分表的读数差为 $\Delta A_i=A_{i+1}-A_i$，因为百分表的分度值为 0.01mm，则在扭矩增量为 $\Delta T_i=T_{i+1}-T_i$ 时，A、B 两截面间的相对位移 $\delta=0.01\times\Delta A_i$（mm）。

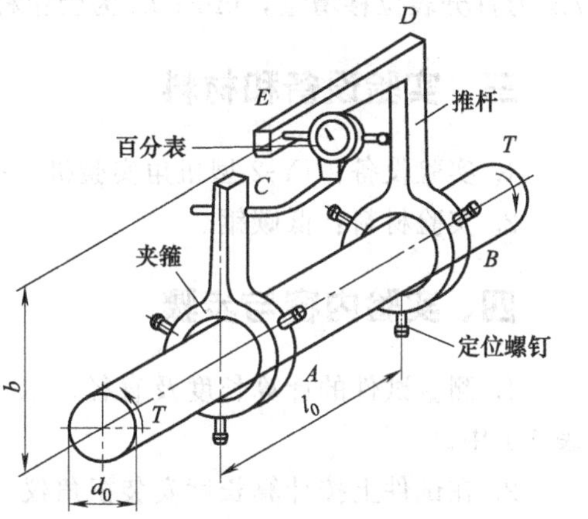

图 5-1 扭角仪的原理示意图

由公式（5-1）可知，若材料符合胡克定律，则 T-Φ 图在比例极限以下呈线性关系。当试件受一定的扭矩增量后 ΔT，在标距 L_0 内可量得相应的扭转角增量 $\Delta\Phi$，于是可求得 G，公式如下：

$$G=\frac{\Delta T L_0}{\Delta\Phi I_P} \tag{5-3}$$

式中，G 为材料的剪切弹性模量，Pa；I_P 为圆截面的极惯性矩，mm^4；$I_P=\frac{\pi d^4}{32}$。

将安装有扭角仪的试样安装在扭转试验机上，如图 5-2 所示，按照等增量分级加扭矩 ΔT 的方法加载，测得相应的 $\Delta\Phi$，即可求得 G。

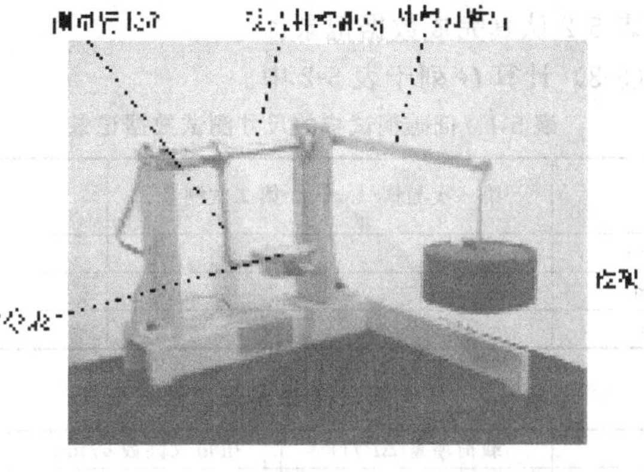

图 5-2 JY-2 型扭角实验机

由图 5-2 可知：$\Delta T=\Delta P L_1$，$\Delta\Phi=\frac{\Delta\delta}{R}$ 则

$$G=\frac{32 L_1 L_0 R \Delta P}{\pi d^4 \Delta\delta} \tag{5-4}$$

式中，G 为材料的剪切模量；Pa；ΔP 为载荷增量，N；L_1 为外载力臂，mm；

$\Delta\delta$ 为百分表位移增量，mm；L_0为受扭杆标距，mm；R 为测量臂长度，mm。

三、实验设备和材料

1. 实验设备：JY-2 型扭角实验机、扭角、游标卡尺。

2. 实验材料：低碳钢。

四、实验内容与步骤

1. 测量试件的计算长度及直径，取二次的平均值作为计算数据，数据记录于表 5-1 中。

2. 在试件上按计算长度安装扭角仪，使其标距等于试样原始标距 L_0。

3. 安装试样，开动试验机，缓慢加载，观察扭角仪工作是否正常。若正常，将百分表调节至零点；若不正常，则需重新安装或调整扭角仪。

4. 加砝码，使产生扭矩 T 及扭转角 Φ，每增加 1kg 砝码后（即 9.8N 载荷），在百分表上读一个相应的位移量 δ，算出位移增量 $\Delta\delta$，注意加载要平稳，实验过程中勿碰仪器，实验数据记录于表 5-2 中。

5. 重复做几次，卸下载荷。

6. 根据实验数据，计算剪切弹性模量 G。

五、实验报告

1. 简述 G 的原理及步骤。

2. 按表 5-1、表 5-2 认真完成数据记录。

3. 根据公式（5-3）计算 G 列于表 5-2 中。

表 5-1　低碳钢试样的尺寸测试数据记录

试样尺寸 直径 d/mm	第一次测量	第二次测量	测量平均值
测量臂长度 R/mm			
标距长度 L_0/mm			
力臂长度 L/mm			

表 5-2　低碳钢试样 G 的测试数据记录

载荷 P/N		载荷增量 ΔP/N	扭角仪读数 δ/mm	扭角仪读数增量 $\Delta\delta$/mm
P_1				
P_2				
P_3				
P_4				
P_5				
载荷增量平均值 $\Delta\overline{P}$/N			扭角仪读数增量平均值$\overline{\delta}$/mm	
材料的剪切模量 G/Pa				

六、问题与讨论

1. 何谓扭转角？用百分表扭角仪是如何测定扭转角的。

2. 用等增量法加载测剪切弹性模量 G 与一次直接加载到最终值 T_p 所测得的 G 值有何不同？

3. 试样的形状和尺寸，选取的标距的长度，对测定剪切弹性模量 G 有无影响？

参 考 文 献

李国安．材料力学性能实验指导．武汉：华中科技大学出版社，2002.

实验六　高分子材料冲击强度的测定实验

一、实验目的

1. 熟悉高分子材料冲击性能测试的方法。

2. 了解测试条件对测定结果的影响。

3. 掌握 ZBC-25 型冲击试验机的使用。

二、实验原理

抗冲强度（冲击强度）是材料突然受到冲击而断裂时，每单位横截面上材料可吸收的能量的量度。它反映材料抗冲击作用的能力，是一个衡量材料韧性的指标。冲击强度小，材料较脆。

1. 冲击韧性的定义

用冲断试样所消耗的功 A_K，除以试样缺口处的横截面积 A_0 所得的商称为冲击韧性（或冲击值），用 α_K 表示：

$$\alpha_K = \frac{A_K}{A_0} \tag{6-1}$$

式中，α_K 的单位为 J/mm^2。α_K 的值越大，表明材料的抗冲出性能越好，它与材料的内部缺陷、晶粒大小、温度变化、试样的尺寸、缺口形状和支承方式等因素有关。

2. 摆锤式冲击实验机

我国经常使用的是简支梁式摆锤冲击实验方法，基本原理是把摆锤从垂直位置挂于机架的扬臂上以后，此时扬角为 α（如图 6-1 所示），它便获得了一定的位能，如任其自由落下，则此位能转化为动能，将试样冲断，冲断以后，摆锤以剩余能量升到某一高度，升角为 β。

3. 冲击实验机的原理（见本书实验二）

脆性材料一般多为劈面式断裂，而韧性材料多为不规整断裂，断口附近会发

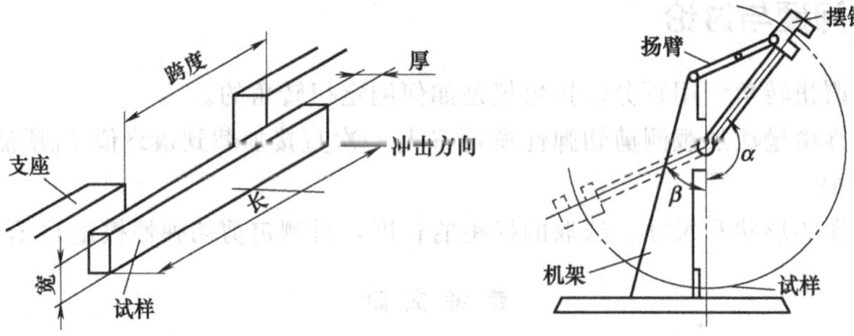

图 6-1　摆锤式冲击实验机

白，涉及的体积较大。若冲击后韧性材料不断裂，但已破坏，则抗冲强度以“不断”表示。

因为测试在高速下进行，杂质、气泡、微小裂纹等影响极大，所以对测定前后试样情况须进行认真观察。

三、实验设备与材料

1. 实验设备：ZBC-25 型冲击试验机

2. 试样材料

① 试样原材料：聚丙烯、聚氯乙烯样条。

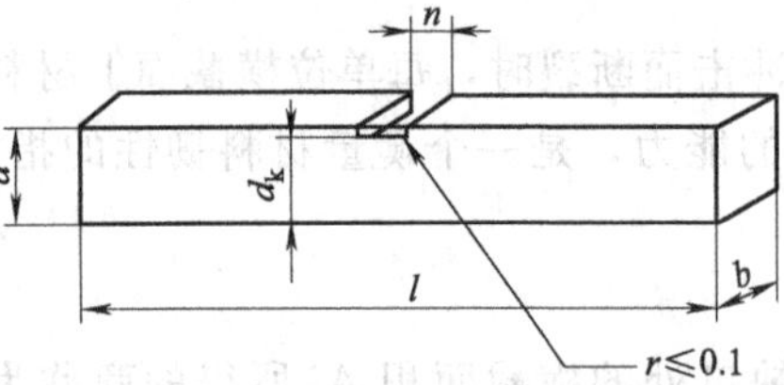

图 6-2　缺口试样尺寸

② 试样尺寸：试样长 l(80±2)mm，宽 b(10±0.5)mm，厚 d(4±0.2)mm。缺口试样：缺口深度 d_k 为试样厚度的 1/3，缺口宽度 n 为（2±0.2）mm，缺口处不应有裂纹，其形状如图 6-2 所示。

③ 试样的制备及要求

A. 单面加工的试样，加工面朝冲锤，缺口试样的缺口背向冲锤，缺口位置应与冲锤对准。

每组试样不少于 3 个。

B. 热固性材料在（25±5)℃，热塑性材料在（25±2)℃，相对湿度为 65%±5%的条件下放置不少于 16h。

C. 凡试样不断或断裂处不在试样三等分中间部分或缺口部分，该试样作废，另补试样。

四、实验内容与步骤

1. 根据材料及选定实验方法，装上适当的摆锤。

2. 开机，同时打开打印机电源开关，按下“联机”键。

3. 空击实验：摆锤自由下垂，无任何动作执行的前提下，抬起并锁住摆锤，后进行空摆冲击，此时的吸收功为空摆的能量损失。

4. 进行参数设置。

5. 抬起并锁住摆锤，把试样按规定放置在两支撑块上，试样支撑面紧贴在支撑块上，使冲击刀刃对准试样中心，缺口试样刀刃对准缺口背向的中心位置。

6. 平稳释放摆锤，从控制机的显示器上读取试样吸收的冲击能量。

7. 试样无破坏的冲击值应不作取值，实验记录为不破坏或 NB。试样完全破坏或部分破坏的可以取值。

8. 如果同种材料可以观察到一种以上的破坏类型，须在报告中标明每种破坏类型的平均冲击值和试样破坏的百分数。不同破坏类型的结果不能进行比较。

五、实验报告

1. 简述冲击实验的原理和应用。

2. 整理试验数据，记录于表 6-1，对实验结果进行分析和讨论。

表 6-1 冲出实验结果记录

材料	序号	聚丙烯样条	序号	聚氯乙烯样条
$\alpha_K/(J/mm^2)$	1		1	
	2		2	
	3		3	
	平均值		平均值	
断口形貌				

3. 根据冲断功计算冲出强度。算出各试样平均值进行试样间比较。

参 考 文 献

马小娥主编．材料实验与测试技术．北京：中国电力出版社，2008.

实验七　高分子材料的压缩强度测定实验

一、实验目的

1. 测定高分子材料的压缩性能，确定材料的压缩强度、压缩应变、压缩模量。

2. 掌握高聚物的压缩性能实验方法。

二、实验原理

压缩性能实验是最常用的一种力学实验，压缩性能实验是把试样置于实验机的两压板之间，并在沿试样两个端面的主轴方向，以恒定速率施加一个可以测量的大小相等而方向相反的力，使试样沿轴向方向缩短，而径向方向增大，产生压缩变形，直至试样破裂或变形达到一定标准规定为止。本实验是在一定的实验温度、湿度、加力速度下，于试样上沿纵轴方向施加静态压缩载荷，以测定高分子材料的压缩力学性能。

1. 压缩应力 σ

其计算公式如下：

$$\sigma=\frac{P}{A_0} \tag{7-1}$$

式中，P 为压缩载荷，N；A_0为试样的原始横截面积，mm^2。

2. 压缩形变 ΔH

试样在压缩负荷作用下高度的改变量称为压缩形变（图 7-1）。

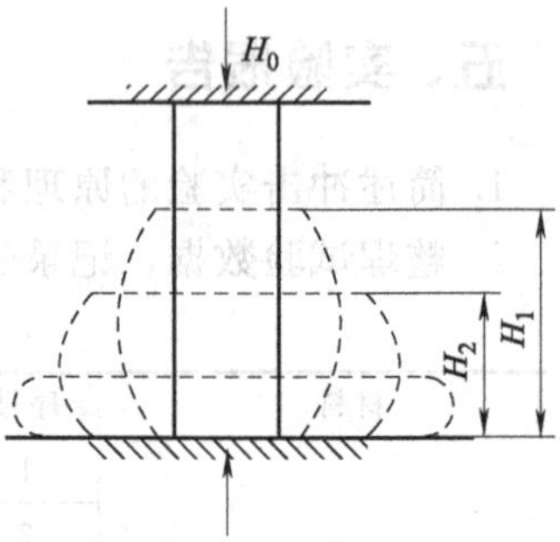

图 7-1　压缩形变图

其计算公式如下：

$$\Delta H=H_0-H \tag{7-2}$$

式中，H_0为试样原始高度，mm；H 为压缩过程中试样任何时刻的高度，mm。

3. 压缩应变 ε

试样的压缩形变除以试样的原始高度，即单位原始高度的试样变形量，称为压缩应变。

其计算公式如下：

$$\varepsilon=\frac{\Delta H}{H_0} \tag{7-3}$$

式中，ΔH 为试样压缩形变，mm；H_0为试样原始高度，mm。

4. 压缩模量 E

在应力-应变曲线范围内压缩应力与压缩应变的比值称为压缩模量，取应力-应变直线上两点的应力差与应变之比，计算压缩模量。

其计算公式如下：

$$E=\frac{(\sigma_2-\sigma_1)}{(\varepsilon_2-\varepsilon_1)} \tag{7-4}$$

式中，σ_2，σ_1 为任意两点的压缩应力；ε_2，ε_1 为任意两点的压缩应变；E 为试样的压缩模量，N/mm^2。

5. 影响高分子材料压缩强度的因素

（1）试样的尺寸

压缩实验所用的试样，可以用注塑、模塑或机械加工方法制备。试样的形状可以是正方棱柱、矩形棱柱、圆柱体、圆管形。

在测定高分子材料的压缩强度的实验中，试样的尺寸对其测试结果有很重要的影响。影响压缩强度大小的是试样的细长比（试样的高度与试样横截面的最小回转半径之比），由于试样受压时，其上下端面与压机压板之间产生较大的摩擦力，阻碍试样上下两端面的横向变形，试样高度越小，其影响越大。因此为减少这种摩擦力的影响，试样的高度应适当高些，但又不宜太高，以避免试样在受压过程中，因失稳而出现扭曲。规定一般的试样细长比为 10，对易于出现扭曲的韧性材料，其细长比可降低为 6。

（2）试样的质量要求

当试样两端面不平行时，实验过程中将不能使试样沿轴线均匀受压，形成局部应力过大，而使试样过早产生裂纹和破坏，压缩强度必将降低。为此本实验所采用的试样的端面各点的高度差不大于 0.1mm，表面平整，无气泡、裂纹、分层、伤痕等缺陷，否则将影响试样结果。

（3）实验速度

随着实验速度的增加，压缩强度与压缩应变值均有所增加。实验速度在 1～5mm/min 之间变化较小；速度在大于 10mm/min 时变化较大。因此规定压缩实验的同一试样必须在同一实验速度下进行，并且要选用较低的实验速度进行压缩实验。

三、实验设备和材料

1. 实验设备：CMT4104 型微机控制电子万能试验机，最大试验力为 10kN，变形测量范围为 0.2%～100%FS，大变形测量范围为 10～800mm。游标卡尺。

2. 实验材料：标准压缩聚丙烯试样，要求表面平整，无气泡、裂纹、分层、伤痕等缺陷。其尺寸如下。

圆柱体：直径（10±0.2)mm，高（20±0.2)mm。

正方柱体：横截面边长（10±0.2)mm，高（20±0.2)mm。

矩形柱体：截面边长（15±0.2)mm，(10±0.2)mm，高（20±0.2)mm。

四、实验内容与步骤

1. 按以下顺序开机：试验机→打印机→计算机。每次开机后，最好要预热 10min，待系统稳定后，再进行试验工作。

2. 用游标卡尺测量试样的长、宽和高，精确至 0.02mm。

3. 双击电脑桌面图标“Power test v3.0”，进入试验软件，选择好联机的用户名和密码，选择对应的传感器（本实验为 1 号传感器）后击“联机”。

4. 准备好压板，调整机器，设定相应的实验参数，静态压缩最大载荷选用 10kN 的挡位；下压速度选用 5mm/min。

5. 测试条件的各项参数设定完毕之后，放上已经准备好的标准样品，确定实验所用样品放在两压板之间，使试样的中心线与两压板表面的中心线重合，使压板表面与试样的端面相接触，并确保试样端面与压板表面相平行，作为测试压缩变形的零点；启动下降按钮，实验机压头以5mm/min的速度下移，当压头接触到试样后，计算机开始自动记录试样所受的实际载荷及其产生的位移数据；直至试样断裂为止，停机。

6. 处理数据，作压缩载荷-位移曲线图。

7. 关闭试验窗口及软件。关机顺序：试验软件→试验机→打印机→计算机。

五、实验报告

1. 简述各项指标测试的原理及步骤。

2. 按表7-1认真完成原始数据记录。详细记录压缩过程中观察到的现象，结合学到的理论分析现象产生原因（包括试样变形情况、表面和颜色的变化、断裂情况及断面特征等）。

3. 作压缩载荷-位移曲线图；计算压缩应力、压缩应变、压缩模量；分析试样的压缩行为。

表7-1 压缩实验记录及数据处理

试样序号	试样长/mm	试样宽/mm	试样高/mm	压缩应力 σ/(N/mm²)	压缩形变 ΔH/mm	压缩应变 ε	压缩模量 E/(N/mm²)
1							
2							
3							
平均值							

六、问题与讨论

1. 实验过程中哪些因素会影响实验结果？如何避免？

2. 从实验结果分析聚丙烯的压缩特性。

参考文献

[1] 李国安．材料力学性能实验指导．武汉：华中科技大学出版社，2002.

[2] 何曼君．高分子物理（修订版）[M]．上海：复旦大学出版社，1990.

实验八 砌筑砂浆抗压强度实验

一、实验目的

1. 学会砌筑砂浆抗压强度试件的制作方法及测试方法。

2. 通过试验检验砌筑砂浆强度，确定、校核砌筑砂浆配合比。

二、实验原理

砌体结构中，将砖、石、砌块等黏结成为砌体的砂浆称为砌筑砂浆。它起着黏结砌块、传递载荷的作用，是砌体的重要组成部分。建筑常用的砌筑砂浆包括水泥砂浆、水泥混合砂浆和石灰砂浆等。工程中应根据砌体种类、性质以及所处环境条件等选用合适的砌筑砂浆。砌筑潮湿环境及强度要求较高的砌体宜选用水泥砂浆或水泥混合砂浆；石灰砂浆宜用于砌筑干燥环境以及强度要求不高的砌体。

1. 砌筑砂浆的基本要求

砌筑砂浆是用来砌筑砖、石等砌体材料的砂浆，起到传递载荷的作用，有时还起到保温等其他作用。对砌筑砂浆的基本要求有和易性和强度，此外还应具有较高的黏结强度和较小的变形。砌筑砂浆稠度、分层度、试配抗压强度等必须同时符合要求。

2. 砌筑砂浆的材料要求

砌筑砂浆中常用水泥、砂、石灰、电石膏、黏土膏、粉煤灰、沸石粉、外加剂和水等材料。目前，随着砌筑砂浆性能要求的提高以及商品砂浆的发展，砌筑砂浆还常用到增稠材料。在这里我们主要给大家介绍以下几种。

(1) 水泥

砌筑砂浆用水泥的强度等级应根据设计要求进行选择。在配制砂浆时要尽量选用低强度等级水泥或砌筑水泥。水泥砂浆采用的水泥，其强度等级不宜大于 32.5 级；水泥混合砂浆采用的水泥，其强度等级不宜大于 42.5 级。根据经验来说，水泥的强度等级应为砂浆强度等级的 4～5 倍。

(2) 砂

应符合混凝土用砂的技术要求。应优先选用中砂，既可满足和易性要求，又可节约水泥。毛石砌体宜选用粗砂。砂的含泥量不应超过 5%；强度等级 M2.5 的水泥混合砂浆，砂的含泥量不应超过 10%。

(3) 石灰

石灰主要是指熟化后的熟石灰，其可由生石灰、磨细生石灰以及电石渣等熟化得到。生石灰熟化成石灰时，应利用孔径不大于 3mm 的网过滤，熟化时间不得少于 7 天。磨细生石灰粉的熟化时间不得少于 2 天，沉淀池中贮存的石灰，应采取措施防止干燥、冻结和污染。严禁使用脱水硬化的石灰；消石灰粉不得直接用于砌筑砂浆中。

3. 砌筑砂浆的技术要求

虽然建筑工地仍大量使用现场配制砌筑砂浆，但砌筑砂浆已逐渐广泛商品化，这主要分为预拌砌筑砂浆和干混砌筑砂浆两大类。这两类砌筑砂浆的技术要求与现场配制砌筑砂浆的技术要求大致相同，但也有具体的特殊要求。

① 强度：砌筑砂浆的砌体力学性能应符合现行国家标准《砌体结构设计规范》(GB 50003) 的规定。砌筑砂浆的强度等级包括 M5、M7.5、M15、M20、M25 和

M30 等六个等级。

② 表观密度：砌筑砂浆拌和物的表观密度不小于 17640N/m^3

③ 稠度：砌筑砂浆的稠度宜在 50～90mm 范围内。预拌砌筑砂浆的稠度限定了 50mm、70mm 和 90mm 三个范围，稠度实测值与规定稠度值之差应在±10mm 内；也可根据要求，限定稠度和稠度偏差的范围。不同砌体材料应选用不同稠度范围的砌筑砂浆，如表 8-1 所示。

表 8-1 砌筑砂浆的稠度选用要求

砌体种类	砌筑砂浆稠度/mm
烧结普通砖砌体	70～90
轻骨料混凝土小型空心砌块砌体	60～90
烧结多孔砖、空心砖砌体	60～80
烧结普通砖更新平拱式过梁	50～70
空斗墙、筒拱	
普通混凝土小型空心砌块砌体	
加气混凝土砌块砌体	
石砌体	30～50

④ 分层度：砌筑砂浆的分层度应不大于 30mm，一般以 10～30mm 为宜。

⑤ 保水率：预拌砌筑砂浆和干混砌筑砂浆的保水率应不小于 88%。

⑥ 凝结时间：现场配制的砌筑砂浆对凝结时间没有明确要求，预拌砌筑砂浆的凝结时间要求分为大于 8h、12h、24h 三个范围，干混砌筑砂浆拌合物的凝结时间要求为 4～8h。

⑦ 抗冻性：设计有抗冻性要求的砌筑砂浆，经冻融试验，质量损失应不大于 5%，抗压强度损失应不大于 25%。

⑧ 水泥及掺合料用量要求：水泥砂浆中水泥用量应不小于 200kg/m^3；水泥混合砂浆中水泥和掺合料总量宜为 300～350kg/m^3。

⑨ 搅拌时间：现场配制砌筑砂浆时，应采用机械搅拌。水泥砂浆和水泥混合砂浆的搅拌时间应不小于 120s；掺加掺合料的砌筑砂浆，其搅拌时间应不小于 180s；预拌砌筑砂浆生产搅拌时，搅拌时间应不小于 90s；干混砌筑砂浆搅拌时，搅拌时间应不小于 180s。

4. 砌筑砂浆的配合比设计

砌筑砂浆要根据工程类别及砌体部位的设计要求，选择其强度等级，再按砂浆强度来确定其配合比。确定配合比，一般情况可查阅相关手册或资料来选择。一般情况下其水泥砂浆材料用量可按表 8-2 选用。

表 8-2 中水泥强度等级为 32.5 级，大于 32.5 级水泥用量宜取下限；根据施工水平合理选择水泥用量，当采用细砂或粗砂时，用水时分别取上限或下限；稠度小于 70mm 时，用水量可小于下限；施工现场气候炎热或干燥季节，可酌量增加用水量。

表 8-2　水泥砂浆材料用量选用表

强度等级	水泥用量/(kg/m^3)	砂用量/(kg/m^3)	用水量/(kg/m^3)
M2.5～M5	200～230	砂子堆积密度值	270～330
M7.5～M10	220～280		
M15	280～340		
M20	240～400		

5. 混凝土立方体试件抗压强度 f

$$f=F/A \tag{8-1}$$

式中，F 为破坏荷载，N；A 为受压面积，mm^2；f 为混凝土立方体试件抗压强度，N/mm^2。

三、实验设备与材料

1. 实验设备

（1）300kN 液压万能试验机

（2）试件模型：尺寸 70mm×70mm×70mm，为工程塑料制成，试模可拆卸擦洗，模内棱边尺寸的偏差不超过 1mm，直角偏差不超过 0.5°。

（3）振动台：频率为每分钟（3000±200）次，负荷振幅为 0.35mm，或空载振幅为 0.5mm 。

（4）其它设备：捣棒、小铁铲、金属直尺、抹刀。

2. 实验材料

水泥、沙、石灰。

四、实验内容与步骤

1. 试件制作符合下列规定

（1）每一组试件所用的混凝土拌和物应由同一次拌和成的拌和物中取出。

（2）制作前，应将试模洗干净并将试模的内表面涂以一薄层矿物油脂或其他不与混凝土发生反应的脱模剂。

（3）在试验室拌制混凝土时，其材料用量应以质量计，称量的精度、水泥、掺和料、水和外加剂为±0.5%；集料为±1%。

（4）取样或试验室拌实混凝土应在拌制后尽量在短时间内成型，一般不宜超过 15min。

（5）根据混凝土拌和物的稠度确定混凝土成型方法：坍落度不大于 70mm 的混凝土宜用振动台振实；大于 70mm 的宜用捣棒人工捣实；检验现浇混凝土或预制构件的混凝土。试件成型方法宜与实际采用的方法相同。

2. 试件制作步骤

（1）取样或拌制好的混凝土拌和物应至少用铁锹再来回拌和 3 次。

（2）用振动台拌实制作试件应按下述方法进行。

A. 将混凝土拌合物一次装入试模，装料是用抹刀沿各试模壁插捣，并使混凝土拌合物高出试模口。

B. 试模应附着或固定在振动台上，振动时试模不得有任何跳动，振动应持续到表面出浆为止，不得过振。

(3) 用人工插捣制作试件应按下述方法进行

A. 混凝土拌和物应分两层装入试模，每层的装料厚度大致相等。

B. 插捣应按螺旋方向从边缘向中心均匀进行，在插捣底层混凝土时，捣棒应达到试模底面；插捣上层时，捣棒应贯穿上层后插入下层 20～30mm。插捣时捣棒应保持垂直，不得倾斜，然后应用抹刀沿试模内壁插捣数次。

C. 每层插捣次数应按在 10000mm^2 内不少于 12 次。

D. 插捣后应用橡皮锤轻轻敲击试模四周，直至插捣棒留下的空洞消失为止。

(4) 用插入式捣棒压实制作试件应按下列方法进行

A. 将混凝土拌和物一次装入试模，装料时应用抹刀沿各试模壁插捣，并使混凝土拌和物高出试模口。

B. 易用直径为 25mm 的插入式振捣棒，插入试模振捣时，振捣棒距试模底板 10～20mm，且不得触及试模底板，振动应持续到表面出浆为止，且应避免过振，以防止混凝土离析，一般振捣时间为 20s，振捣棒拔出时要缓慢，拔出后不得留有洞孔。

C. 刮除试模口上多余的混凝土，待混凝土临近初凝时，用抹刀抹平。

3. 试件的养护

(1) 试件成型后立即用不透水的薄膜覆盖表面。

(2) 采用标准养护的试件，应在温度为 (20±5)℃ 的环境下静置 1～2 昼夜，然后编号、拆模，拆模后应立即放入温度为 (20±2)℃、相对湿度为 95%以上的标准养护室中养护，或在温度为 (20±2)℃ 的不流动的氢氧化钙饱和溶液中养护，标准养护室内的试件应放在支架上，彼此间隔为 10～20mm，试件表面应保持潮湿，并不得被水直接冲淋。

(3) 如无标准养护条件时，可对其进行自然养护：

A. 在室温下，相对湿度 60%～80%的条件下。

B. 在室温下的走廊或室外的砂堆中，保持砂子的湿润状态下养护。

(4) 同条件养护试件拆模时间可与实际构件的拆模时间相同，拆模后试件仍需保持同条件养护。

(5) 标准养护龄期为 28 天（从搅拌加水开始计时）。

4. 抗压强度试验

(1) 试件自养护室取出后，随即擦干并量出其尺寸（精确至 1mm），据以计算试件的受压面积（单位为 mm^2），数据记录于表 8-1 中。

(2) 将试件安放在 300kN 液压万能试验机的下承压板上，试件的承压面应与成型时的顶面垂直。试件的中心应与试验机下压板中心对准，开动试验机。

(3) 加压时，应连续而均匀地加荷，加荷速度应为：

混凝土强度等级低于 C30 时，取 0.3～0.5MPa/s；

混凝土强度等级大于 C30 时，取 0.5～0.8MPa/s。

当试件接近破坏而迅速变形时，停止调整试验机油门，直至试件破坏，记录破坏荷载 F（单位为 N）。

(4) 平行做三次实验。

五、实验报告

1. 简述砌筑砂浆强度的原理。

2. 按公式（8-1）计算混凝土立方体试件抗压强度 f（结果精确到 $0.1N/mm^2$），实验结果列于表 8-3 中。

表 8-3　抗压强度实验数据记录及数据处理

试样序号	试样长/mm	试样宽/mm	试样面积/mm^2	破坏载荷 F/N	抗压强度 f/(N/mm^2)
1					
2					
3					
平均值					

3. 强度值的确定应符合下列规定

(1) 3 个试件测值的算术平均值作为该组试件的强度值（精确至 $0.1 N/mm^2$）。

(2) 3 个测定值中的最小值或最大值中有一个与中间值的差异超过中间值的 15%，则把最大及最小值一并舍除，取中间值作为该组试件的抗压强度值。

(3) 如最大和最小值与中间值的差均超过中间值的 15%，则此组试件的试验结果无效。

六、问题与讨论

1. 砌筑砂浆的试模的制作有哪几种？制作时要注意什么？

参考文献

李国安．材料力学性能实验指导．武汉：华中科技大学出版社，2002.

实验九　陶瓷材料的抗压强度测定实验

一、实验目的

1. 了解影响陶瓷材料抗压强度的因素。

2. 掌握抗压强度的测定原理及测定方法。

二、实验原理

构成陶瓷材料中的化学键包括离子键或共价键，键的强度大，而且共价键带有很强的方向性，这就决定了陶瓷材料通常具有很高的强度、硬度、弹性模量以及优异的耐磨性和耐热性。但是与金属材料相比，陶瓷材料的塑性、韧性、可加工性和使用的可靠性却不如金属。陶瓷材料的抗压、抗折和抗张强度是陶瓷材料重要的力学性能指标，掌握测定抗压、抗折和抗张强度的原理和方法可以为陶瓷产品的开发研究、产品的设计使用和质量控制提供重要的依据。

陶瓷是强度很高的脆性材料，几乎不发生塑性变形，当受力的方式不同时，其所表现出抵抗应力而不产生损坏的能力是不同的。按时材料不同的受力情况，可以把材料的分为抗压强度、抗折强度和抗拉强度。陶瓷材料的抗张强度远远小于抗压强度，也小于抗折强度。材料的抗压、抗折和抗张强度之间存在以下的关系：

$$\text{抗张强度}(\sigma_t)=(0.5-0.7)\times\text{抗折强度}(\sigma_f) \tag{9-1}$$

$$\text{抗张强度}(\sigma_t)=(1/8-1/10)\times\text{抗折强度}(\sigma_c) \tag{9-2}$$

需要说明的是，虽然陶瓷材料的抗压、抗折和抗张强度之间存在着上述关系，但抗压、抗折、抗张强度的大小又与测试方法、测试条件等有关。测试方法不同，所得到的强度值也不同，还又与试样的尺寸、形状、加载方式、试样与夹具的接触情况等因素有关。

陶瓷材料的抗压强度极限是指在材料不破损的前提条件下，试样单位面积上所能承受的最大压应力。其抗压强度 f 计算公式如下：

$$f=F/A \tag{9-3}$$

式中，F 为破坏荷载，N；A 为受压面积，mm^2；f 为陶瓷材料的抗压强度，N/mm^2。

由于陶瓷材料结构非常复杂，材料内部缺陷的数量和产品的尺寸有很大的关系。所以在测定陶瓷材料的抗压强度极限时，必须考虑试样尺寸大小对试样测定值的影响。根据相关的理论与实际经验，在选择试样尺寸大小时有两个因素需要考虑：第一，试样尺寸增大，存在的缺陷概率也增大，同样条件下，大试样抗压强度测定值比小试样的抗压强度测定值偏低，因此试样尺寸选小一点可以降低缺陷概率，更能表征材料的抗压强度极限；第二，试样两底面与压板之间会产生摩擦力，这对试样的横向膨胀起着约束作用，可以使测量结果有一定程度的提高，在理论上把这种效应称为环箍效应。试样尺寸较大时，尤其是试样比较高时，环箍效应的作用相对减小，测得的抗压强度偏低，这样就比较接近材料的真实强度。为了减少这种摩擦力的影响，试样尺寸应选大一点更好。为了获得更真实的陶瓷材料抗压强度值，既要考虑试样缺陷几率的影响，又要考虑摩擦力的影响。因此，在尽量减少摩擦力的情况下，选择较小尺寸的试样是适宜的。通过研究发现，试样受压面积在

2～6cm^2范围内的抗压强度值与有关资料数据接近，所以试样的横截面积在这个范围以内是比较适宜的。

除了上面的因素外，试样的外形也对测试结果有影响。例如，圆柱体试样的抗压强度会略高于立方体试样的抗压强度。比较合理的解释是，受材料的制备成型工艺的影响，圆柱体内部应力较立方体更均匀，且试样的一致性要优于立方体；另外圆柱体受压面是确定的，而立方体受压方向难以统一确定，其在不同方向上的抗压强度是有差异的，因此选用圆柱体试样比立方体试样更合理。

综合考虑以上各方面的因素，本实验中试样尺寸定为Φ（20±2)mm×(20±2)mm的、径高比为1∶1的圆柱体试样比较合适。粗陶试样则为Φ(50±5)mm×(50±5)mm的、径高比为1∶1的圆柱体试样比较合适。

烧制好的陶瓷试样，一般不能直接拿来做测试，这是因为陶瓷材料在制备过程中会产生一定的收缩，有时候会影响材料表面的规整程度。而试样表面的规整程度(包括试样两受压面的平行度、侧面与受压面的垂直度、试样表面可见裂纹与其它缺陷等）对抗压强度有明显影响。特别是试样两受压面的平行度对抗压强度的影响比较突出。经验表明，试样的不平行度小于0.10mm/cm时，对抗压强度影响较小；试样的不垂直度小于0.20mm/cm时，对强度影响较小；试样表面有明显裂纹和其它缺陷时，对强度均有影响。

当进行测试时，垫衬物对抗压强度也有影响，试样受压面和压板平整光滑可以减小摩擦力的影响，而加润滑剂、涂石蜡、垫衬纸板都可以减小摩擦力影响。通过实验发现，当垫上厚为1mm左右的纸板时，实验结果比较稳定，且试样破坏时呈柱状破裂，这与实验无摩擦力影响时呈直裂柱状破坏相类似。因此，在进行测试时应垫上适当厚度的纸板以减小摩擦力对抗压强度的影响。

三、实验设备和材料

1. 实验设备：CMT微机控制电子万能试验机及夹具；磨片机1台；游标卡尺1把。

2. 实验材料：日用陶瓷。

四、实验内容与步骤

1. 试样制备：按生产工艺条件制备直径20mm、高20mm（精陶为直径50mm、高50mm）的规整试样3件，试样两底面在磨片机上用100号金刚砂磨料研磨平整，要求两底面的不平行度小于0.10mm/cm，试样中心线与底面的不垂直度小于0.20mm/cm；清洗干净，排除有可见缺陷的试样，干燥后待用。

2. 将微机控制电子万能实验机和计算机通电预热15min（先开主机、后开计算机）。

3. 将试样放置在试验机压板的中心位置。

4. 启动计算机上的微机万能材料实验机控制系统，输入载荷量程、实验方式、实验速度（以 2×10^2 N/s 施加载荷）等相应的实验参数。

5. 点击软件菜单“通讯”下的“联机”，将主界面中的“负荷”、“位移”清零，然后启动“RUN”按钮，观察实验过程至实验结束。

6. 记录或保存所测得的实验数据。

7. 关机、清理现场。

五、实验报告

1. 简述陶瓷材料的抗压强度的测试原理及步骤。

2. 按公式（9-3）计算陶瓷材料的抗压强度 f（结果精确到 0.1N/mm^2），实验结果列于表 9-1 中。

表 9-1 抗压强度实验数据记录及数据处理

试样	试样直径/mm	试样高/mm	试样面积/mm^2	破坏载荷 F/N	抗压强度 f /(N/mm^2)
1					
2					
3					
平均值					

六、问题与讨论

影响抗压强度极限测定的因素是什么？

实验十 陶瓷材料的抗折强度测定实验

一、实验目的

1. 了解影响陶瓷材料抗折强度的因素。

2. 掌握抗折强度的测定原理及测定方法。

二、实验原理

抗折强度极限是试样受到弯曲作用力作用直至破坏时的所需的最大应力，可以用试样破坏时所受弯曲力矩 M（N·mm）与被折断处的截面模数 Z（mm^3）之比来表示。

陶瓷制品的抗折强度和材料的宽厚比有关，实验表明，宽厚比为 1∶1 的试样强度最大，分散性较小。另外，制品的抗折强度还取决于坯料组成，生产工艺过程，如坯料制备、成型、干燥及焙烧条件等。即使是同一种配方的制品，当原料的颗粒组成和生产工艺不同时，其抗折强度有时相差很大，所以测定时一定要保证试样采用相同的工艺条件制备，这样才能进行比较。

材料的抗折强度一般采用简支梁法进行测定。原理如图10-1所示。对于均匀的弹性体，将试样放在两支点上，然后在两支点间的试样上施加集中载荷时，试样变形或断裂。由材料力学简支梁受力分析可得抗折强度极限，计算公式如下：

$$R_f=\frac{M}{Z}=\frac{pL/4}{Bh^2/6}=\frac{3pL}{2Bh^2} \qquad (10\text{-}1)$$

式中，R_f为抗折强度极限，N/mm^2；M为弯曲力矩，N·mm；Z为截面模数，mm^3；p为试样折断时的负荷，N；L为支承刀口间距离，mm；B为试样断口处的宽度，mm；h为试样断口处的厚度，mm。

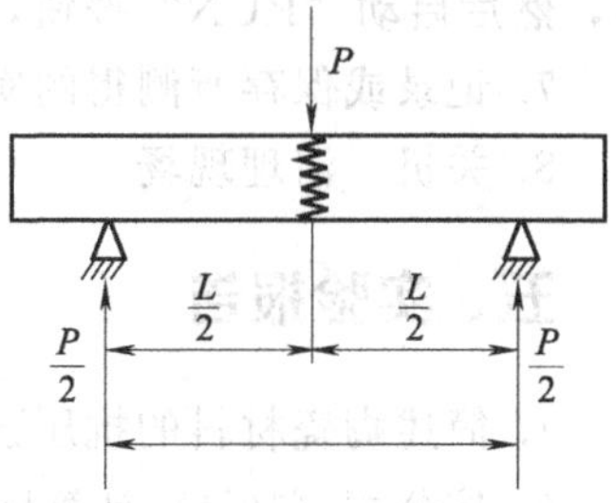

图10-1 简支梁法原理图

本测定方法适用范围为日用陶器、炻器、瓷器常温静弯曲负荷作用下一次折断时抗折强度极限测定；日用陶瓷材料干燥抗折强度极限测定（必须能够成型）；石膏等辅助材料常温抗折强度极限测定。

陶瓷材料试样尺寸影响抗折强度的大小，对同一制品分别采用宽厚比为1∶1、1∶1.5、1∶2三种不同规格的试样进行试验时，宽厚比为1∶1的试样强度最大，分散性较小。因此宽厚比定为1∶1为宜。用与制品生产相同的工艺制作试样时，规定厚度为(10±1)mm，宽度为(10±1)mm，长度视跨距而定。一般跨距有50mm和100mm两种，试样长为70mm和120mm两种。

三、实验设备和材料

1. 实验设备：CMT微机控制电子万能试验机及夹具；磨片机1台；游标卡尺1把。

2. 实验材料：日用陶瓷。

四、实验内容与步骤

1. 试样制备：从三件陶瓷制品的平整部位切取宽厚比为1∶1、长约120mm(或70mm)试样5根。对于直接切取试样有困难的实验制品，可以用与制品生产相同的工艺制作试样。试样尺寸(10±1)mm×(10±1)mm×120mm。试样必须研磨平整，不存在明显缺边或裂纹，否则重做。实验前必须将试样表面的杂质颗粒清除干净。

2. 将合格样品编号并测量试样跨距中心附近三个截面的宽度和厚度，取算术平均值。

3. 将微机控制电子万能实验机和计算机通电预热15min（先开主机、后开计算机）。

4. 调节支座之间跨距为 50mm 或 100mm，把试样放置在支座上。

5. 启动计算机上的微机万能材料实验机控制系统，输入载荷量程、实验方式、实验速度［以（2±0.5)N/s 施加载荷］等相应的实验参数。

6. 点击软件菜单“通讯”下的“联机”，将主界面中的“负荷”、“位移”清零，然后启动“RUN”按钮，观察实验过程至实验结束。

7. 记录或保存所测得的实验数据。

8. 关机、清理现场。

五、实验报告

1. 简述陶瓷材料的抗压强度的测试原理及步骤。

2. 按公式（10-1）计算陶瓷材料的抗折强度 f（结果精确到 0.1N/mm^2)，实验结果列于表 10-1 中。

表 10-1　抗折强度实验数据记录及数据处理

试样	断面厚度 H/mm	断面宽度 B/mm	支承刀口间距离 L/mm	折断时载荷 P/N	抗折强度 R_f/(N/mm^2)
1					
2					
3					
平均值					

六、问题与讨论

测定陶瓷材料及制品的抗折强度极限的实际意义是什么？试举例说明。

实验十一　陶瓷材料的抗张强度测定实验

一、实验目的

1. 了解影响陶瓷材料抗张强度的因素。

2. 掌握抗张强度的测定原理及测定方法。

二、实验原理

陶瓷材料中含有结晶颗粒、玻璃相及气孔，这使陶瓷结构中存在许多缺陷。特别是组成陶瓷材料的主要晶体和玻璃相多是脆性的，因此，陶瓷在室温下呈现脆性，在外力的作用下会突然断裂。

陶瓷材料的抗张强度极限是试样受到拉伸力作用直到破坏时的最大应力。根据弹性理论，在陶瓷试样的径向施加两个方向相反且沿着试样长度 L 均匀分布的集

中载荷 P 时，在承受载荷的径向平面上会产生与该平面相垂直的左右分离的均匀拉伸应力，当这种应力逐渐增加到一定程度时，最终会引起材料的拉伸断裂，拉伸断裂时的应力即为抗张强度极限，这是径向压缩引起拉伸的测试方法的理论根据。材料的抗张强度用 $1mm^2$ 横截面积上所受到拉伸应力的牛顿数表示。

测定陶瓷材料抗张强度有弯曲法、直接法和径向压缩法等多种方法。目前，径向压缩法是比较先进和科学的方法，其原理见图 11-1 所示。

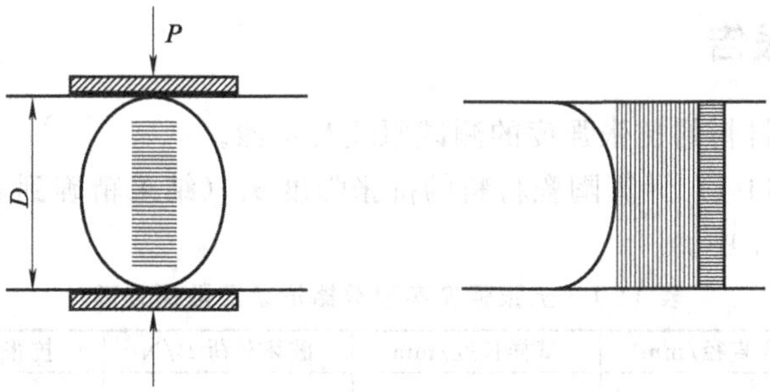

图 11-1　径向压缩试验法原理图

采用这种方法测试抗张强度时，试样的抗张强度可以按照下面的公式计算。

$$\sigma_t = \frac{2P}{\pi DL} \tag{11-1}$$

式中，σ_t 为试样的抗张强度极限，N・m；P 为试样破坏时的压力值，N；D 为圆柱体试样的直径，m；L 为圆柱体试样的长度，m。

三、实验设备和材料

1. 实验设备：CMT 微机控制电子万能试验机及夹具；磨片机 1 台；游标卡尺 1 把。

2. 实验材料：日用陶瓷。

四、实验内容与步骤

1. 试样制备：按生产工艺条件制备直径 Φ 为 (20±2)mm、长度 L 为 (20±2)mm，如果是粗陶试样，则直径 Φ 为 (50±5)mm、长度 L 为 (50±5)mm 的规整圆柱体试样 10 件。试样不允许有轴向变形，试样上下两面的不平行度小于 0.10mm/cm 试样中心线与底面的不垂直度小于 0.20mm/cm。将试样清洗干净，剔除明显有圆度误差的试样，干燥后待用。

2. 将微机控制电子万能实验机和计算机通电预热 15min（先开主机、后开计算机）。

3. 将试样放置在试验机压板的中心位置，两中心线与加压板之间垫衬厚度为 1mm 的马粪纸。

4. 启动计算机上的微机万能材料实验机控制系统，输入载荷量程、实验方式、实验速度（以 4×10^2N/s 施加载荷）等相应的实验参数。

5. 点击软件菜单“通讯”下的“联机”，将主界面中的“负荷”、“位移”清零，然后启动“RUN”按钮，观察实验过程至实验结束。

6. 记录或保存所测得的实验数据。

7. 关机、清理现场。

五、实验报告

1. 简述陶瓷材料的抗张强度的测试原理及步骤。

2. 按公式（11-1）计算陶瓷材料的抗张强度 σ_t（结果精确到 0.1N/mm^2），实验结果列于表 11-1 中。

表 11-1　抗张强度实验数据记录及数据处理

试样	试样直径/mm	试样长度/mm	破坏载荷 P/N	抗张强度 σ_t/(N/mm^2)
1				
2				
3				
平均值				

六、问题与讨论

影响抗张强度极限测定的因素是什么？

第二章 电学性能实验

实验十二　判断半导体材料的导电类型

一、实验目的

1. 掌握热探针法、整流法的原理。
2. 学会使用热探针法、整流法测试半导体的导电类型。

二、实验原理

（1）热探针法

热探针法是判断半导体材料导电类型的最简单和最常用的方法之一。它是根据半导体的温差电动势方向与半导体材料导电类型有关的原理进行测量的。在热平衡条件下，半导体样品中的载流子浓度可以由公式（12-1）和公式（12-2）表示：

$$n_0=N_0\mathrm{e}\frac{(E_f-E_c)}{k_BT} \qquad (12\text{-}1)$$

$$p_0=N_0\mathrm{e}\frac{(E_v-E_f)}{k_BT} \qquad (12\text{-}2)$$

式中，n_0、p_0、E_f、E_c、E_v、N_0 分别为电子的浓度；空穴的浓度、费米能级的能量、导带底的能量、价带顶的能量、本征态载流子浓度；k_B、T 分别为波尔兹曼常数和温度。

在一定的温度下，半导体中载流子的浓度为定值，随着温度的增加，由于热激发的作用，半导体中自由电子浓度 n_0 或空穴浓度 p_0 都增加。设有一 N 型半导体，如图 12-1（a）所示，N 型半导体中的主要载流电子是电子，当在 A 点加热，A 端温度 T 增加时，则 A 处

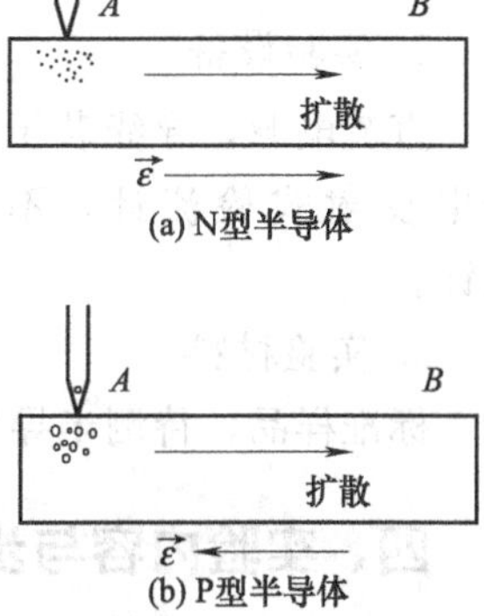

图 12-1　半导体中温差电动势示意图

（热端）电子浓度将增加，结果在半导体中形成一个电子浓度梯度，导致形成由 A 端向 B 端的扩散电子流；又由于电子带负电荷，故产生了由 B 端到 A 端的电动势，其所积累的电荷产生的电势方向是由 A（热）端指向 B（冷）端。对于 P 型半导体，如图 12-1（b）所示，载流子主要是空穴，当在 A 端加热时，A 处的空穴浓度将增加，从而产生了由 A（热）端向 B（冷）端的扩散空穴流。电动势的方向是由 A 到 B。所积累的电荷产生的电势的方向是由 B 到 A，即由冷端指向热端。

实际使用的半导体材料，其温度大都在饱和电离区。

对 N 型材料　　$n_0=N_D-N_A$

对 P 型材料　　$p_0=N_A-N_D$

式中，N_D、N_A 分别为施主浓度和受主浓度，由此可见半导体中载流子的浓度随温度变化很小。但是，在半导体中存在温度差时，载流子在高温处的动能大，运动速度快；低温处动能小，运动速度慢，这样也会产生载流子由高温处向低温处的流动，在半导体中形成温差电动势，上述温差电动势方向与半导体材料的导电类型有关，如图 12-1 所示。

对于本征半导体，由于电子的迁移率大于空穴的迁移率，电子的扩散系数也大于空穴的扩散系数，因此电子的流动占优势，从而呈现出弱 N 型的行为。对于弱 P 型材料，热探针法容易发生误判，通常用霍尔效应法来判别。另外热探针法较适用于电阻率小于 $10^3\Omega\cdot cm$ 以下的半导体。

（2）整流法

整流法是利用金属-半导体接触的整流方向与半导体导电类型有关的原理来判断半导体的导电类型的。对于电阻率很高和很低的半导体，其整流特性变差，因此此方法较适用于在 $10\sim10^3\Omega\cdot cm$ 范围内的半导体材料，在此电阻范围内，比热探针法灵敏，响应快，通常情况下，规定采用整流法测定半导体导电类型时，其最低电阻率不小于 $1\Omega\cdot cm$。

三、实验设备和材料

1. 实验设备

直流电源，导线若干，直流电压表，直流电流表，光电反射式检流计，不同阻值电阻若干，电烙铁，探针。

2. 实验材料

标准样品，待测半导体片若干。

四、实验内容与步骤

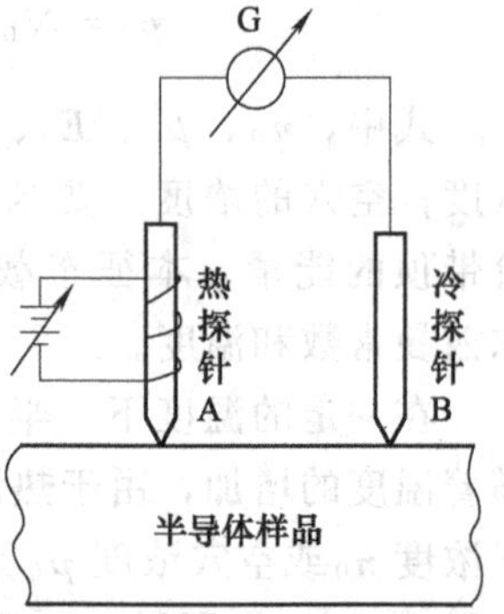

图 12-2　热探针测试半导体导电类型示意图

（1）热探针法测试半导体导电类型

热探针的装置示意如图 12-2 所示，A、B 为两个探针，其中A为热探针，用市售20W或者25W小烙铁在较低的电压下加热即可制成。两探针之间串联一个检流计，当冷热两根探针与半导体接触时，便有电流流过检流计，使检流计发生偏转。根据检流计偏转的方向，便可判断半导体材料的导电类型。

(2) 整流法测试半导体导电类型

用三根探针与样品接触，如图12-3（a）所示，1、2探针间加12V左右的交流电压，2、3间接一检流计，R为阻值较高的电阻，根据检流计偏转方向就可以判断材料的导电类型。

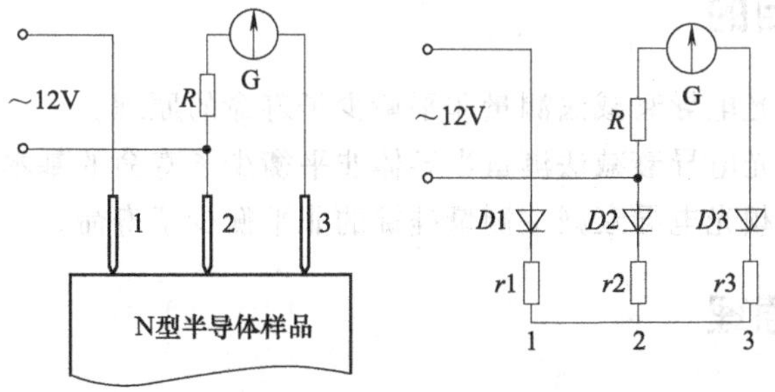

(a) 装置图　　(b) 原理图

图12-3 整流法测量半导体导电类型

由于金属探针与半导体接触等效于一个二极管与一个电阻串联，假定图12-3（a）中的半导体样品为N型，则金属探针和N型半导体可以看成如图12-3（b）等效电路中所示二极管$D1$、$D2$、$D3$和普通电阻$r1$、$r2$、$r3$，由于电阻R的阻值远大于$r1$、$r2$、$r3$，但是小于二极管的反向阻抗，因此当1相对于地为正时，$D1$处于反向，$D2$、$D3$处于正向，流过$D1$的反向电流取决于$D1$的反向阻抗，由于$D2$处于正向，且$r2$远小于R，所以此电流主要通过$D2$，检流计中流过的电流甚少。因此通过流过检流计的电流方向可以判断测试的半导体的导电类型，对P型材料，二极管的极性相反，电流方向也就相反。

五、实验报告

1. 按照上述原理将实验桌上所提供的的仪器、元件接好线路，请教师检查。

2. 对教师提供的样品进行导电类型的判断，将实验结果记录在表12-1。在此过程中将两种方法进行的测试结果进行对比。

表12-1 两种不同方法测试结果记录表

样品编号	1#	2#	3#	4#	5#	6#
热探针法测试结果						
整流法测试结果						

六、问题与讨论

1. 记下两种方法测试结果，分析上述不同结果产生的原因。

2. 试分析当样品为P型时，整流法电路的工作过程，画出等效电路，说明电路为什么与图12-3不同。

3. 分析两种不同的方法在什么情况下会造成误判。

实验十三　光电导衰减法测少子寿命

一、实验目的

1. 了解直流光电导衰减法测量非平衡少子寿命的原理。
2. 了解高频光电导衰减法测量半导体非平衡少子寿命的基本原理。
3. 学会用高频光电导衰减法测量硅锭的非平衡少子寿命。

二、实验原理

1. 基础理论

用光子能量 $h\nu$ 大于禁带宽度的光照射半导体样品，则在样品中将产生非平衡的电子-空穴对，从而导致半导体内载流子浓度增加，增加的非平衡光生自由电子浓度和空穴浓度相等（$\Delta p=\Delta n$）。当 $t=0$ 时停止光照，这些非平衡的电子-空穴对将逐渐复合而消失。若产生的非平衡载流子浓度比平衡时的多数载流子浓度小得多，而且表面复合和陷阱效应可以忽略，则平衡载流子将主要通过体内的复合中心而复合，其浓度将随时间按指数规律衰减，即

$$\Delta n=(\Delta n_0)e^{\frac{t}{\tau}} \tag{13-1}$$

式中，Δn_0 为 $t=0$ 时的自由电子浓度；τ 为非平衡少数载流子寿命，它是非平衡少数载流子平均生存的时间。

如果在样品中通以恒定的电流，样品两端由于光照而引起的电压变化量 $\Delta V(t)$ 正比于样品的电导变化量，而电导变化量又正比于非平衡载流子浓度的变化量（Δn），因此测出电压变化量 $\Delta V(t)$ 随时间的变化规律，就可以利用式(13-2) 计算出非平衡少子的寿命。

$$\Delta V(t)=(\Delta V_0)e^{\frac{t}{\tau}} \tag{13-2}$$

式中，ΔV_0 为光照瞬间（$t=0$）时刻电压的增加量。如果采用直流电流源供给样品电流叫直流光电导衰减法，而用高频电流源供给样品电流叫高频光电导衰减法。

2. 测试原理

(1) 直流光电导衰减法

对一长条形样品，在其两个断面镀上金属成为欧姆接触的等电势面，在样品中通以恒定的电流。这时如用闪光灯照射样品，当灯的余辉时间比样品中非平衡载流

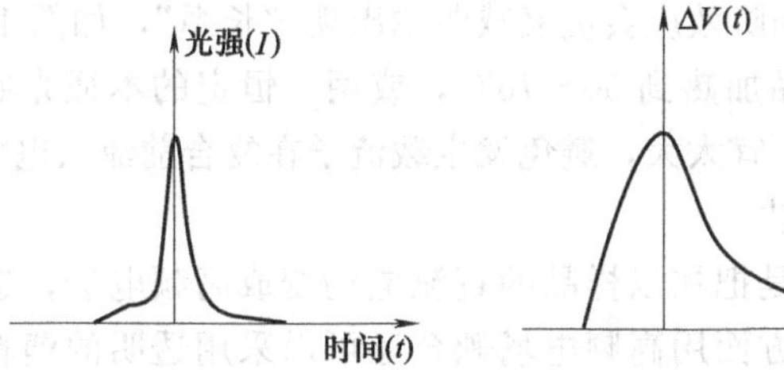

图 13-1　激发光源光强变化示意（a）以及测试样品两端电压变化（b）

子衰减时间短得多时［图 13-1（a)］，样品两端光照所引起的电压变化量 ΔV 在光照停止后随时间的衰减规律为

$$\Delta V(t)=\Delta V_0\, e^{\frac{t}{\nu_{eff}}} \tag{13-3}$$

式中，ν_{eff} 为样品的有效寿命，它决定于体内寿命 τ_v，与表面复合寿命 τ_s，即

$$\frac{1}{\tau_{eff}}=\frac{1}{\tau_v}+\frac{1}{\tau_s} \tag{13-4}$$

又因为表面非平衡载流子复合寿命 τ_s 与样品的几何尺寸休戚相关，因此实际测得的有效寿命 τ_{eff} 与样品的尺寸存在较大的关联，故采用直流光电导测试非平衡少子寿命时，测试标准中规定了几种可供选择的特定尺寸为测试样品，以硅单晶为例，选择的测试样品的尺寸通常有如下三种规格：

A：1.5cm 长，截面边长分别为 0.25cm、0.25cm ；

B：2.5cm 长，截面边长分别为 0.5cm、0.5cm；

C：2.5cm 长，截面边长分别为 1cm、1cm。

上述三种尺寸的硅单晶样品测得的少子寿命范围如表 13-1 所示。

表 13-1　通常情况不同尺寸硅单晶试样测得的少子寿命

	A	B	C
P 型硅	$<90\mu s$	$<350\mu s$	$<1340\mu s$
N 型硅	$<240\mu s$	$<950\mu s$	$<3600\mu s$

实际由于电压变化，衰减曲线往往不是单一的指数规律，其原因可能是：

① 注入条件不满足；

② 由于光吸收、表面复合等造成体内非平衡载流子不均匀，从而产生扩散运动；

③ 光源并非理想的阶跃函数；

④ 陷阱效应的影响。

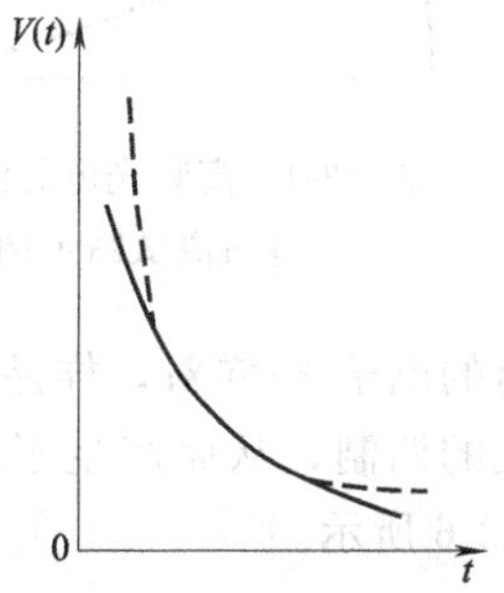

图 13-2　理论单一指数曲线（实线），实测出线在起始和尾部偏离单一指数规律（虚线表示）

其中①、②、③因素影响初始衰减部分，可以解决的办法是：降低光源的下降时间，在光源与样品间加一块 1mm 厚的硅片滤去吸收系数太大的短波部分的光；光照区限制在样品中心区，将电极附近和两侧

遮住，不让光照。另外，陷阱效应会使衰减曲线出现“长绳”，如图 13-2 所示。消除陷阱影响的方法是：将样品加热到 50～70℃，或用一恒定的本征光照射样品，先将陷阱填满。因此样品电流不宜太大，避免发生载流子在复合前流入电极。

（2）高频光电导衰减法

高频光电导衰减法就是把加以样品的直流电场变成高频电场，这样一方面免除了电极的制备问题，另一方面用高频电场耦合还可以采用透明的塑料布把半导体样品包好进行测量，避免了直接接触对样品的污染；此外，这种方法对样品的几何尺寸要求也不严格，只要能做到良好的耦合就可以直接测量。其测量装置组成如图 13-3 所示。示波器上观察到的曲线如图 13-4 所示。

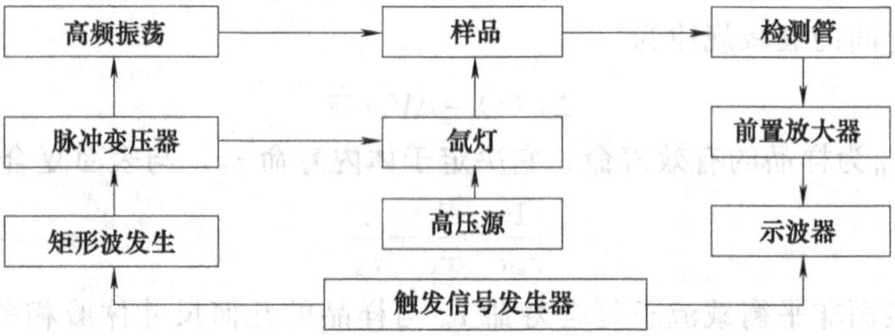

图 13-3 高频光电导测少子寿命装置示意图

高频光电导衰减法的测试时，首先将被测半导体样品放在铜电极上，在高频电场的作用下，用过电极与样品间的电容耦合连接，随后样品在光照下感应了一个与高频电场相同的高频电流 $i_n = i_m e^{i\omega t}$，其中，i_m 为无光照时样品中电流的最大值，ω 为高频电流的角频率，t 为时间。如图 13-5 所示。当样品上有光照时，将产生非

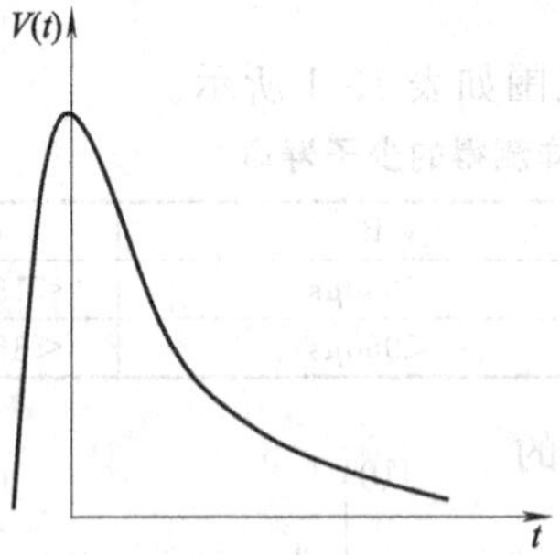

图 13-4 高频光电导测少子寿命测试图示例

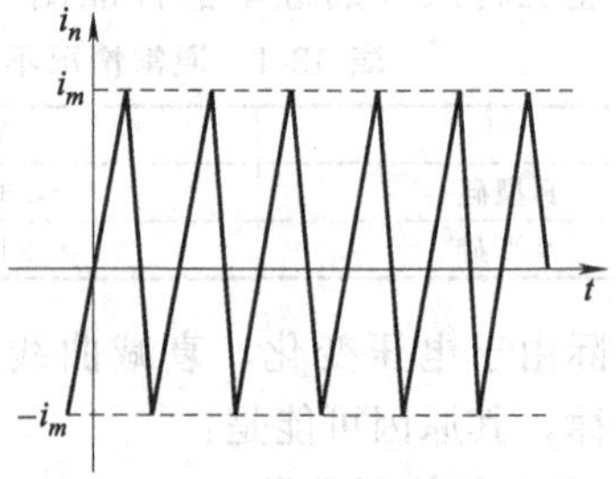

图 13-5 无光照样品中电流变化

平衡的电子-空穴对，样品的电导受到了载流子浓度变化的调制，从而产生了相应的调幅电流 $i(t)$，如图 13-6 所示。

$$i(t) = (i_m + k\Delta i_0 e^{\frac{t}{\tau}}) e^{i\omega t} \tag{13-5}$$

式中，i_m 为无光照时样品中电流的最大值；k 为常数；ω 为高频电流的角频率；τ 为少子寿命；t 为时

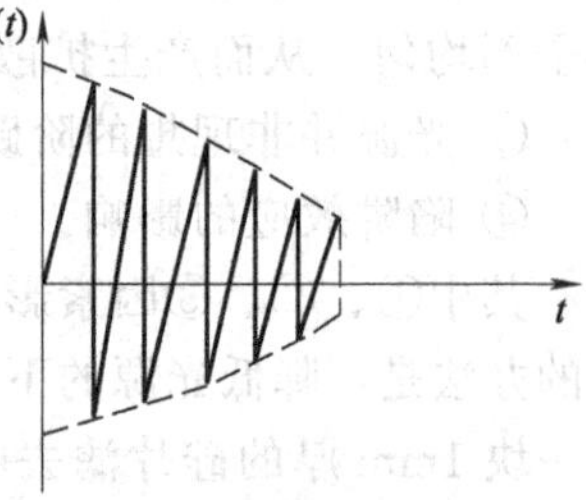

图 13-6 光照调频后的电流

间；Δi_0 为光照瞬间样品中增加的电流值。

在串联测试电阻上将得相应的调幅电压 V_t：

$$V_t=(V_m+V_0e^{\frac{t}{\tau}})e^{i\omega t} \tag{13-6}$$

式中，V_m 为无光照时样品中电压最大值；ω 为高频电流的角频率；τ 为少子寿命；t 为时间；V_0 为光照瞬间样品中增加的电压值。

此高频调幅波经过二极管检波后，把高频光电导衰减仪另从高频调幅波中解调出来，经前置放大器输送到脉冲示波器，在示波器上便可观察到指数衰减曲线。

使用高频光电导衰减法计算非平衡少子寿命的方法步骤以及要注意的问题如下：

① 为了使该法迅速可靠，通常在示波器的荧光屏上刻有标准 e 指数曲线：

$$y=y_0e^{\frac{t}{\tau}} \tag{13-7}$$

注意：所刻曲线要布满整个荧光屏，并且实验时要通过示波器的调整尽量让测试曲线与标准曲线重合，其目的在于便于与观察曲线相比较。

② 实际所观察的衰减曲线并非 e 指数曲线，一般是先快后慢。因此，我们取中间两点。令第一点所对应的高度为 y_1，所对应的时刻为 t_1；第二点所对应的高度为 y_2，所对应的时刻为 t_2。即

$$y_1=y_0e^{\frac{t_1}{\tau}} \tag{13-8}$$

$$y_2=y_0e^{\frac{t_2}{\tau}} \tag{13-9}$$

由式（13-8）、式（13-9）可得

$$\frac{y_1}{y_2}=e^{\frac{t_1-t_2}{\tau}} \tag{13-10}$$

两边取对数

$$\frac{1}{\tau}(t_1-t_2)=e^{\frac{y_1}{y_2}} \tag{13-11}$$

在测试寿命 τ 时，先调衰减曲线调至与示波器上的 e 指数的中部相重合。通常选择两个重合得很好的特定点，记下高度 y_1 和 y_2，并记下对应横坐标值以及它们之间经过的时间间隔 t_1-t_2，就可以由式（13-11）式计算出寿命 τ。

③ 由于表面复合常影响测试结果，选择光源时应选择吸收系数小、贯穿能力强的光源作为激发光。

三、实验设备和材料

1. 实验设备

高频脉冲发生器，氙灯，直流电源，触发信号发生器，检波器，放大器，示波器。

2. 实验材料

半导体材料（N 型硅）。

四、实验内容与步骤

1. 采用高频光电导法测试待测样品的非平衡少子寿命，记录示波器上的电压

衰减变化曲线，根据测试原理选择曲线上的不同点（A、B、C、D、E、F），记录其纵坐标值以及对应的时间，将上述数据记录在表 13-2 中。

表 13-2 测试数据记录

项目	A	B	C	D	E	F
纵坐标值						
时间						

2. 根据表 13-2 中数据计算所测量试样非平衡少子寿命。

五、实验报告

1. 画下直流光电导衰减法测试的线路示意图，复习示波器的使用。

2. 用高频光电导衰减法测硅单晶的少子寿命，对所得光电导衰减曲线进行分析。

3. 计算高频光电导衰减测试待测硅锭的少子寿命，查阅文献报道值以及理论范围值，分析测试条件对实验结果的影响机理。

六、问题与讨论

1. 查阅资料，了解其他非平衡少子寿命的测试方法以及对应的原理。

2. 分析光电导衰减曲线的形状，讨论测试条件对测试结果的影响。

实验十四　四探针法测量半导体材料的电阻率

一、实验目的

1. 学会用四探针法测量半导体电阻率。

2. 掌握四探针测试电阻率的基本原理。

二、实验原理

对于半无穷大均匀电阻率的样品，由点电流源产生的电力线具有球面对称的特性，即等势面为一系列以点电源流为中心的半球面，如图 14-1 所示。如样品的电阻率为 ρ，样品的电流为 I，则离点电流源距离为 r 的电流密度 J 为：

$$J=\frac{I}{2\pi r^2} \tag{14-1}$$

又由于

$$J=\frac{E}{\rho} \tag{14-2}$$

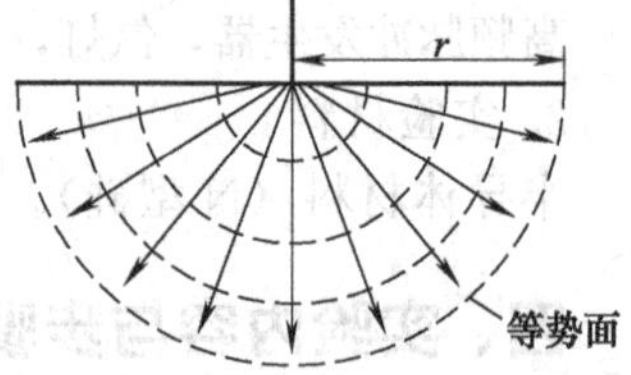

图 14-1　半无穷大样品上电流源的半球形等势面

式中，E 为 r 处的电场强度，由式（14-1）、式

(14-2)，得：

$$E=\frac{I\rho}{2\pi r^2} \tag{14-3}$$

由式（14-3）可知，根据电场强度和电势梯度的关系以及球面对称性特点，取 r 为无穷远处的电势 $V(r)$ 为零，则有：

$$V(r)=\int_0^{V(r)}\mathrm{d}V=-\int_\infty^r E\,\mathrm{d}r=-\frac{I\rho}{2\pi}\int_\infty^r\frac{\mathrm{d}r}{r^2}=\frac{I\rho}{2\pi r} \tag{14-4}$$

同理，当电流由探针流出样品时，在 r 处形成的电势 $V(r)$ 为

$$V(r)=-\frac{I\rho}{2\pi r} \tag{14-5}$$

实验中常以直排四探针为测试装置。直线四探针是将四根金属探针排成一条直线，并以一定压力垂直地压在一块相对于探针间距可视为无穷大、电阻率均匀的样品上，设相邻探针的间距为 s，如图 14-2 所示，可以看到探针 2 处的电势是处于探针 1 和探针 4 的恒流点电源 $+I$ 和 $-I$ 贡献之和，取 r 为无穷远处的电势 $V(r)$ 为零，根据式（14-4）和式（14-5），探针 2 处电势为：

$$V_2=\frac{I\rho}{2\pi}\left(\frac{1}{s}-\frac{1}{2s}\right) \tag{14-6}$$

同理，探针 3 处的电势 V_3 为

$$V_3=\frac{I\rho}{2\pi}\left(\frac{1}{2s}-\frac{1}{s}\right) \tag{14-7}$$

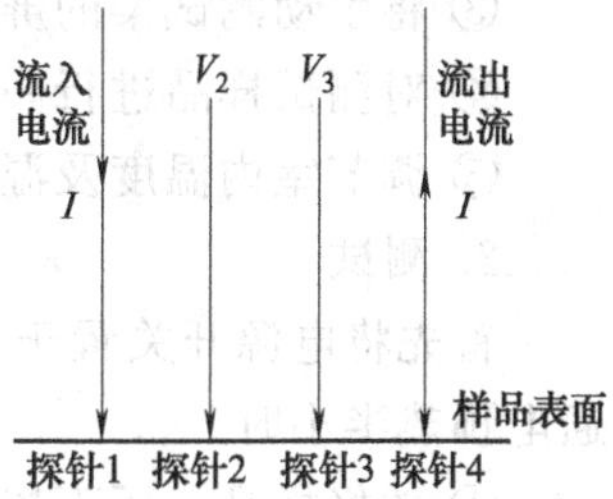

图 14-2　直排四探针测试示意图

探针 2 和探针 3 之间的电势差 V_{23} 为：

$$V_{23}=V_2-V_3=\frac{I\rho}{2\pi s} \tag{14-8}$$

根据式（14-8）可计算出材料的电阻率：

$$\rho=2\pi s\,\frac{V_{23}}{I} \tag{14-9}$$

从式（14-9）可见，对于等间距的直线排列的四探针，已知相邻探针间的间距 s、测出流过探针的电流 I、探针 2 和探针 3 之间的电势差，就能求出样品的电阻率 ρ。对于不满足半无穷大的样品，测试样品的电阻率可定义为“表观电阻率” ρ_0：

$$\rho_0=2\pi s\,\frac{V_{23}}{I} \tag{14-10}$$

通过引进尺寸修正因子 C，则可以求得样品的测试电阻率 ρ：

$$\rho=\frac{\rho_0}{C} \tag{14-11}$$

式中，修正因子 C 可参考四探针电阻率测试相关文献获得。

三、实验设备和材料

1. 实验设备

四探针系统，直流电源，直流安培表，直流伏特表，导线若干。

2. 实验材料

各种形状半导体测试试样若干。

四、实验内容与步骤

本实验采用四探针法测试所给半导体实验的电阻率。

1. 测试前的准备

① 将电源插头插入仪器背面的电源插座，电源开关置于断开位置；

② 工作方式开关置于“短路”位置，电流开关处于弹出位置；

③ 将手动测试架的屏蔽线插头与电气箱的输入插座连接好；

④ 对测试样品进行一定的处理（如喷沙、清洁等）；

⑤ 调节室内温度及湿度使之达到测试要求。

2. 测试

首先将电源开关置于开启位置，测量选择开关置于“短路”，出现数字显示，通电预热半小时。

① 放好样品，压下探头，将测量选择开关置于“测量”位置，极性开关置于开关上方。

② 选择适当的电压量程和电流量程，数字显示基本为“0000”，若末位有数字，可旋转调零调节旋钮使之显示为“0000”。

③ 将工作方式开关置于“I 调节”，按下电流开关，旋动电流调节旋钮，使数字显示为“1000”，该值为各电流量程的满量程值。

④ 再将极性开关压下，使数显也为 1000±1，退出电流开关，将工作方式开关置于 1 或 6.28 处（探头间距为 1.59mm 时置于 1 位置，探头间距为 1mm 时置于 6.28 位置）；调节电流后，上述步骤在以后的测量中可不必重复；只要调节好后，按下电流开关，可由数显直接读出测量值。

⑤ 若数显熄灭，仅剩“1”，表示超出该量程电压值，可将电压量程开关拨到更高挡。

⑥ 读数后，将极性开关拨至另一方，可读出负极性时的测量值，将两次测量值取平均数即为样品在该处的电阻率值。

3. 测试注意事项

① 压下探头时，压力要适中，以免损坏探针。

② 由于样品表面电阻可能分布不均，测量时应对一个样品多测几个点，然后取平均值。

③ 样品的实际电阻率还与其厚度有关，可查四探针测试样品电阻率修正系数，进行修正。

五、实验报告

1. 记录测试样品的尺寸，采用四探针法测试计算样品的表观电阻率。
2. 对于同一个样品，选取不同位置测量计算样品的表观电阻率。
3. 分析测试位置的改变对测试的表观电阻率的影响，并讨论其原因。

六、问题与讨论

1. 查阅文献，理解四探针测试电阻率的原理，讨论是否可以任意选择两个探针作为电流的流入以及流出端。
2. 如图 14-2 所示，如果选择 2、3 端为电流的流入和流出端，推导电阻率的计算公式。
3. 对于同一个样品，选取不同位置测量计算样品的表观电阻率是否相同，如不同，分析产生的原因。
4. 分析实验的误差以及减少误差的方法。

实验十五　掺杂半导体杂质浓度分布测试

一、实验目的

1. 理解半导体杂质浓度的测试原理。
2. 学会测定硅片的杂质浓度以及杂质浓度随深度的分布。

二、实验原理

根据二次谐波原理，在外加反向偏压的肖特基势垒上，可用一个小的射频电流去激励。当肖特基结中流过恒幅正弦电流时，肖特基结两端就会产生一个电压降 V：

$$V=\frac{I^2}{4q\varepsilon\omega^2A^2}\frac{1}{N(x)}+\frac{I\cos(\omega t+\pi)}{\omega\varepsilon A}x+\frac{I^2\cos(2\omega t+\pi)}{4q\varepsilon\omega^2A^2}\frac{1}{N(x)} \tag{15-1}$$

式中，q 为电子电量；ω 为信号角频率；A 为肖特基结截面积；x 为耗尽层深度；$N(x)$ 为杂质浓度分布函数；ε 为介电常数。

由理论计算结果式 (15-1) 可知，肖特基结上的电压降包含射频激励的一次谐波和二次谐波两部分，其中一次谐波的幅值正比于耗尽层厚度 x，即：

$$V_\omega=\frac{I\cos(\omega t+\pi)}{\varepsilon\omega t}x \tag{15-2}$$

二次谐波的幅值正比于杂质浓度 $N(x)$ 的倒数，即：

$$V_{2\omega}=\frac{I^2\cos(2\omega t+\pi)}{4\delta\varepsilon\omega^2A^2}\frac{1}{N(x)} \tag{15-3}$$

上述理论结果为测量半导体掺杂深度以及对应的杂质浓度分布提供了一种简单的方法。

在肖特基势垒二极管中加直流偏压，当偏压足够大时，由于势垒电感 C 和偏压间有如下关系：

$$C=\frac{\varepsilon A}{x}=av^{-\frac{1}{2}} \tag{15-4}$$

式中，A 为肖特基结截面积；x 为耗尽层深度；ε 为介电常数；a 为特定常数。

这样存储在肖特基结中电荷：

$$Q=\int av^{-\frac{1}{2}}dv \tag{15-5}$$

式中，Q 为存储在肖特基结中的电荷电量，若加直流偏压后，另加射频激励 V_{ac}在上述肖特基结中，则电荷增量受上述直流偏压以及射频激励的共同作用，电荷的增量可以表示为：

$$\Delta Q=\iint\frac{dc}{dV_{ac}}dV_{ac}dV \tag{15-6}$$

其中仅由射频交流电流在结电容上产生的电压为：

$$V_{ac}=\int\frac{1}{C}\sin\omega t\,dt=-\frac{IV^{\frac{1}{2}}}{\omega a}\cos\omega t=b\cos\omega t \tag{15-7}$$

式中，a、b 为常数；I 为射频电流幅值。

在式（15-6）中，射频激励 V_{ac}增加的电荷存储量为：

$$\int\frac{dc}{dV_{ac}}dV_{ac}=\int_V^{V+V_{ac}}aV^{-\frac{1}{2}}=a\ (V+b\cos\omega t)^{-\frac{1}{2}}-aV^{-\frac{1}{2}} \tag{15-8}$$

再代入式（15-6）中，

$$\Delta Q=\int a\ (V+b\cos\omega t)^{-\frac{1}{2}}dV-\int aV^{-\frac{1}{2}}dV \tag{15-9}$$

则上述肖特基结中总的结电荷量为：

$$Q+\Delta Q=\int a\ [V+b\cos(\omega t)]^{\frac{1}{2}}dV \tag{15-10}$$

由于射频电流在偏压结上产生的电压 V_{rf} 是激励电流振幅和角频率的函数：

$$\frac{dV_{rf}}{dt}=I\sin(\omega t)\left[\frac{d(Q+\Delta Q)}{dV}\right]^{-1} \tag{15-11}$$

将式（15-10）代入式（15-11）得：

$$V_{rf}=\frac{IV^{\frac{1}{2}}}{a}\int\left[1-\frac{I}{a\omega V^{\frac{1}{2}}}\cos(\omega t)\right]^{\frac{1}{2}}\sin(\omega t)dt \tag{15-12}$$

上式积分用（15-4）式去代替 a，并分别归并各个同幂项可得：

$$V_{rf}=\frac{I\cos(\omega t)}{\omega\varepsilon A}x+\frac{I^2\cos(\omega t)^2}{2q\varepsilon\omega^2A^2}\frac{1}{N(x)}+I^3+\cdots I^4 \tag{15-13}$$

由于 I^3 和 I^4 高次谐波很小，可以略去，因此，最后得出

$$V_{rf}=\frac{I^2}{4\delta\varepsilon\omega^2A^2}\frac{1}{N(x)}+\frac{I\cos(\omega t+\pi)}{\omega\varepsilon A}x+\frac{I^2\cos(2\omega t+\pi)}{4\delta\varepsilon\omega^2A^2}\frac{1}{N(x)} \tag{15-14}$$

上述证明过程提供了一种测量掺杂半导体杂质浓度分布的方法。

三、实验设备和材料

1. 实验设备

5MHz 激励源，低通滤波器，信号分离器，谐波接收器，直流电源，高通滤波器。

激励被测样品（或二极管）的基频信号由 5MHz 激励源输出，激励源信号通过低通滤波器滤去基频信号的高次谐波后，由单一频率（5MHz）去激励被测二极管。改变加在被测二极管上的反向偏压来改变耗尽层深度。通过讯号分离电路，样品两端的一次谐波由一次谐波接收器接收，二次谐波讯号经过高通滤波器滤去混入的基频信号，然后又由对数放大器接收。一次谐波（5MHz）与二次谐波（10MHz）讯号分别经过调节，再由两只表头分别指示观测样品的杂质浓度以及深度，同时通过 $N(x)$ 值以及 $N(x)$ 的分布。如启动自动偏压电路，能在 x-y 函数记录仪上描绘出 $N(x)$-x 的分布曲线（图 15-1）。

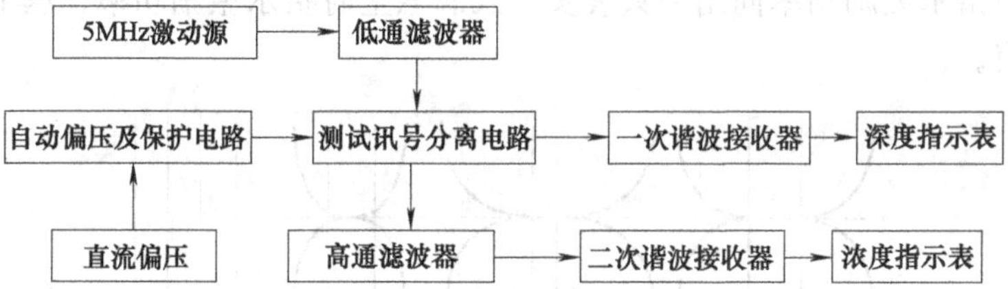

图 15-1　测试装置示意图

2. 实验材料

待测不同掺杂浓度、掺杂类型半导体片，液态汞。

四、实验内容及步骤

本实验要求测定实验室提供的不同半导体样品的掺杂浓度以及掺杂浓度随着深度的变化。

1. 实验步骤

(1) 仪器的“激励输出”连接测试电路的“激励输入”，仪器的“基频输入”接测试电路的“基频输出”，仪器的“谐波输入”接测试电路的“谐波输出”，仪器的“偏压”接测试电路的“偏压”。

(2) 面板旋钮位置："$N(x)$ 扩展"开关放在"关"，偏压扫描应放在"手动"，"偏压"旋钮逆时针方向旋到最小，"深度量程"调到 100mV 一挡，"极性"开关调到与被测样品一致，"断续"开关在"断"的位置。

(3) 安装悬汞电极：开启样品台后面照明灯，先将悬汞电极汞滴调至距样品台 1mm 高度处，然后调节实体显微镜。显微镜应调到×100 一挡（物镜放大倍数为 4 倍)，其中一个目镜内附有标准面积刻度板，调整实体显微镜的左、右和前后位置，以使观察到的汞滴最为清晰。

(4) 安放测试外延片：提高悬汞电极，在测试台上滴上一小滴蒸馏水，放上外延片，并用镊子轻轻压紧，用滤纸吸去边缘多余水沫。

(5) 将悬汞电极调至离外延片 1mm 左右高度，然后调整激励功率输出。再按下屏蔽盒顶上的接地按钮，分别将 x、$N(x)$ 调至零位，放开按钮再调整一个激励输出功率 [$N(x)$ 零位是正中一条红线] 再重复一次调零。

(6) 调整悬汞电极，使汞滴与外延片形成肖特基结，汞滴接触面积大小要与实体显微镜中观察到标准面积一致，如图 15-2 所示。其中上半球为汞滴，下半球为外延后反射的汞滴虚像。图 15-2 (a) 为正确安装，图 15-2 (b) 接触面积偏大，图 15-2 (c) 接触面积偏小均为不正确。显微镜视场内标准刻度板上有四根线，如图 15-2 (d) 所示，上述相邻二刻度线之间距离不同，分别对应不同直径汞滴，因此所选择的测试挡位也不完全相同。

(7) 压上汞滴后，从 $N(x)$ 和 x 表头上直接读出浓度和深度值。仪器上指示深度表头与指示激励功率同用一只表头，汞滴悬空时指示激励功率，压上汞滴时即指示深度值。

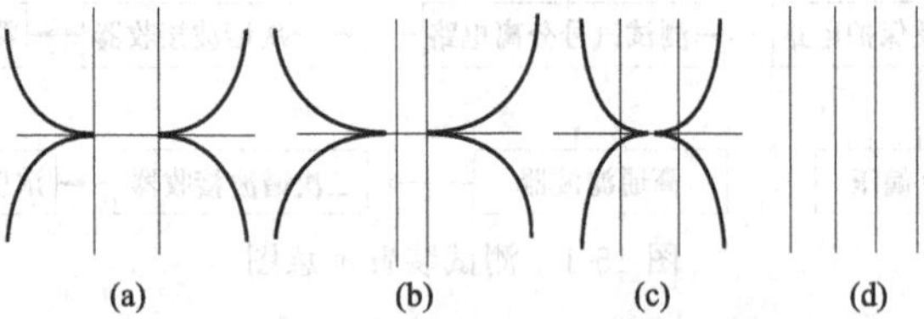

图 15-2 汞滴压入形状以及视场刻度示意图

(8) 将偏压量程调至 10V 或 100V 一挡，调节偏压旋钮，施加反向偏压，即得到浓度 [$N(x)$] 随深度 y 分布关系。仪器上有漏电指示表，一般选取漏电流小于 10μA。若一开始加偏压即出现漏电流，说明极性接反，改变偏压极性即可测试。

(9) 若需要得到 $N(x)$-x 分布曲线，可以仪器背面 $N(x)$ 和 x 输出接线柱外接上慢扫描示波器或者接上 x-y 函数记录仪，记录仪需要用半对数图纸（图纸要倒放，因为上端浓度低，下端浓度高)。$N(x)$ 和 x 输出各有电位器可调节衰减，可配上记录仪某一挡自行调整，使 $N(x)$ 表头上量值与对数纪录值上数值一致。

2. 注意事项

(1) 仪器测试需要满足小信号激励条件，所以一块未知浓度的样品首先应该用

A 挡条件进行测试，若二次谐波很小，则 $N(x)$ 指示不出来，此时再加大激励功率采用 B 挡条件进行测试。A 挡能测的样品，采用 B 挡测试读数不准确。

(2) 实验中注意液态汞的使用安全，严格按照使用规范操作。

五、实验报告

1. 给定一外延后，测沿某直径的表面杂质浓度的横向分布，然后记录到数据表，并作“$N(x)$-x”分布图。

2. 用同一外延片，测出中点处杂质浓度的纵向分布，然后记录到数据表，并作“$N(x)$-y”分布图。

3. 分析测试结果。

六、问题与讨论

1. 简述本实验测试原理。

2. 除上述测定掺杂浓度分布的方法外，请您查阅文献列举出其他的测定半导体掺杂浓度的方法。

3. 分析实验数据，提出影响实验结果的主要操作步骤并且给出减少实验误差的方法。

实验十六 导体的电阻率测量

一、实验目的

1. 掌握电流表、电压表和滑动变阻器的使用方法。

2. 会用伏安法、惠斯通电桥法测电阻，进一步测定良导体的电阻率。

二、实验原理

对于良导体材料而言，由于电阻和电极的接触处是很小的欧姆接触，因此只要把材料加工成特定的几何形状（便于测量其横截面积以及长度），可以利用公式 (16-1) 计算获得此种材料的电阻率。

$$R=\rho\frac{L}{S} \tag{16-1}$$

式中，R 为测量的样品的电阻；ρ 为材料的电阻率；L 为测试试样的长度；S 为电极夹具与试样之间的接触面积，上述测试获得的电阻率通常也称之为体电阻率 ρ_v。

由上述可知，只要将良导体材料加工成合适的形状，通过在电路中测试获得试样的准确电阻值，就可以利用公式（16-1）计算获得上述材料的电阻率。而常见的导体电阻的实验测试方法主要有伏安法以及惠斯通电桥法。

（1）伏安法测电阻

伏安法测量电阻的基本原理是利用安培表和伏特表分别测出流过待测电阻 R 的电流 I 和电压 U，然后根据欧姆定律即公式（16-2）计算获得。其测试电路图如图 16-1 所示。

$$R=\frac{U}{I} \tag{16-2}$$

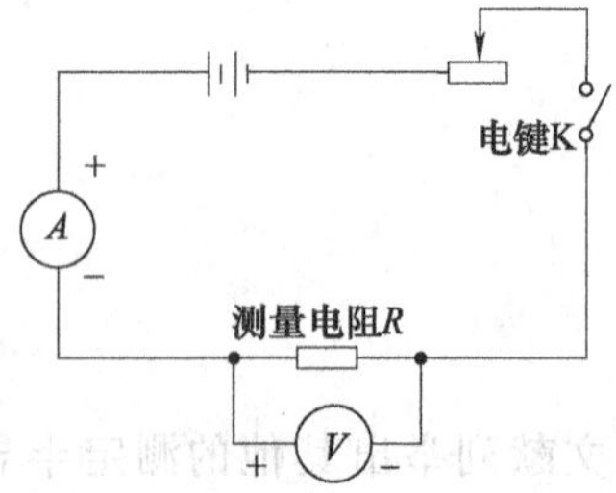

图 16-1　伏安法电阻测量示意图

值得注意的是伏安法测量电阻有两种连接方式：安培表内接法和安培表外接法。在测量时采用安培表内接法还是安培表外接法是减小实验误差的最主要和最科学的手段。安培表内接还是外接的选择依据是考察待测电阻 R 与安培表电阻或伏特表内阻电阻之间的比值关系。

（2）惠斯通电桥测量电阻

惠斯通电桥主要用于测量中等阻值的电阻，它的基本原理线路如图 16-2 所示。四个电阻 R_1、R_2、R_0、R_x 首尾相接连成一闭合回路，每个电阻称为电桥的一个臂，R_1、R_2 称为比率臂；R_0 为可调标准电阻（即电阻箱），称为比较臂；R_x 为待测电阻。A、B 两结点连到电源的两极上，另外的两个结点 C、D 间连一检流计 G，所谓“桥”就是对 C、D 这条线而言的，它的作用就是将 C、D 两点电位进行比较。一般情况下，C、D 两点的电位不相等，检流计指针将发生偏转。当检流计中无电流通过时，表示 C、D 两点电位相等，称为“电桥达到了平衡”。

设流过 ACB 支路的电流强度为 I_1，流过 ADB 支路的电流强度为 I_2，则当电桥平衡时，$U_{AC}=U_{AD}$，$U_{CB}=U_{DB}$，即

$$\begin{cases} I_1R_x=I_2R_1 \\ I_1R_0=I_2R_2 \end{cases} \tag{16-3}$$

$$R_x=\frac{R_1}{R_2}R_0 \tag{16-4}$$

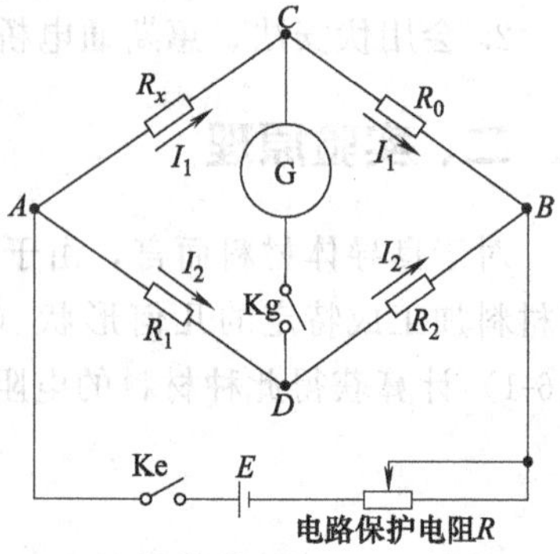

图 16-2　惠斯通电桥测电阻电路图

由式（16-4）可以看出，只要调整 R_1、R_2、R_0 的阻值使电桥平衡，就能算出待测电阻 R_x 的阻值。

由上述分析可知，对良导体材料的电阻率的测量就简化成将材料制备成特定的几何尺寸，准确地测定待测电阻的电阻值。

三、实验设备和材料

1. 实验设备

螺旋测微器，毫米刻度尺，电流表，电压表，游标卡尺，滑动变阻器，电池组，开关，导线若干，材料成型机等。

2. 实验材料

不同规格尺寸待测电阻，标准电阻，导线，夹具。

四、实验内容及步骤

本实验是采用上述两种方法测试待测电阻的电阻值，随后利用公式（16-1）计算上述电阻材料的电阻率。

1. 伏安法测量待测电阻的阻值以及材料电阻率的计算

① 用螺旋测微器以及游标卡尺测量待测电阻的长、宽、高或者是直径与长度。

② 根据图 16-1 电路图连接电路。

③ 闭合开关，移动滑动变阻器的滑片来改变待测电阻两端的电压，并记下相应的电压表示数和电流表示数。

④ 断开开关，整理器材，结束实验。

⑤ 算出待测电阻的阻值大小及电阻的平均值。

⑥ 根据上述电阻测量的平均值，利用公式（16-1）计算材料的电阻率。

2. 惠斯通电桥法测量待测电阻的阻值以及材料电阻率的计算

① 用螺旋测微器以及游标卡尺测量待测电阻的长、宽、高或者是直径与长度。

② 按图 16-2 所示的电路原理图连接好实验电路。

③ 测试试样的电阻，可以采用多次测量取平均值的方法减少误差。

④ 计算不同试样的电阻率。

3. 采用上述两种不同的方法测量同一标准电阻的阻值

① 按照测试原理中的电路原理图（图 16-1 以及图 16-2）连接电路。

② 分别采用上述两种方法测量电阻 5 次，记录每次的测试的结果并且求出平均值。

③ 以上述多次测量的平均值作为测试值与标准值比较，计算测试误差。

④ 比较上述两种测试方法的优缺点。

4. 断开开关，整理器材，结束实验。

五、实验报告

1. 采用两种不同的方法测试给定的不同待测电阻的电阻值，并且计算测试电阻材料的电阻率。

2. 根据伏安法测电阻部分研究电流表内接以及外接对测试电阻的影响，并且给出每个待测电阻应该选择的安培表接入方法以及原因。

3. 分析两种测试方法的优缺点。

六、问题与讨论

1. 比较本实验两种电阻的测试方法的优缺点。

2. 结合本书实验十四四探针电阻率测试的方法，讨论本实验与四探针电阻率测试试验测试电阻率的不同之处。

3. 分析实验数据，提出影响实验结果的主要操作步骤并且给出减少实验误差的方法。

实验十七　金属电阻温度系数的测定

一、实验目的

1. 了解和测量金属电阻与温度的关系。
2. 了解金属电阻温度系数的测定原理。
3. 了解测量金属电阻温度系数的方法。

二、实验原理

大多数物质的电阻率随着温度的变化而变化，常见的电子元器件的电阻也会随着温度的变化而变化，因此在设计以及使用特定材料的电子元器件时，要考察环境温度对电子元器件性能的影响。另外也可以利用电阻随温度的变化特性制备温度传感器。理论上，为了表征材料电阻率随温度的变化，常用电阻率随温度的变化率（电阻率温度系数）来表示：

$$\alpha=\frac{\mathrm{d}\rho}{\rho\mathrm{d}T} \tag{17-1}$$

式中，α 为点电阻率温度系数；ρ 材料电阻率；T 为温度。

本实验中选择铂电阻为测试对象，由于普通导体的电阻通常随着温度的升高而增大，并且只要测试试样的几何尺寸在特定温度范围内变化很小，可以通过电阻随温度的变化表示材料电阻率随温度的变化，因此也可以用下式表示：

$$R=R_0(1+\alpha t) \tag{17-2}$$

式中，R 是温度为 t℃时的电阻；R_0 为 0℃ 时的电阻；α 为电阻温度系数。严格说，α 和温度范围有关。

在一定温度范围内，导体的电阻值随温度变化而变化，特定的导体材料通过测量其电阻值随温度的变化可以推算出电阻所处的环境的温度，利用此原理构成的传感器就是电阻温度传感器。通常能够用于制作热电阻的金属材料必须具备以下特性：

（1）电阻温度系数要尽可能大和稳定，电阻值与温度之间应具有良好的线性关系；

（2）电阻率高，热容量小，反应速度快；

（3）材料的复现性和工艺性好，价格低；

（4）在测量范围内物理和化学性质稳定。目前，在工业上应用最广的材料是铂，铂电阻与温度之间的关系，在 0～630.74℃范围内可以用下式表示：

$$R_T = R_0(1 + AT + BT^2) \tag{17-3}$$

而在－200～0℃的温度范围内通常用下式表示：

$$R_T = R_0[1 + AT + BT^2 + C(T - 100℃)T^3] \tag{17-4}$$

式中，R_0 和 R_T 分别为在 0℃和温度为 T ℃时铂电阻的电阻值；A、B、C 为温度系数。由实验确定（在上述的工作温度范围内 A、B、C 的参考值为：$A = 3.90802 \times 10^{-3}$℃$^{-1}$，$B = -5.80195 \times 10^{-7}$℃$^{-2}$，$C = -4.27350 \times 10^{-12}$℃$^{-4}$）。另外，要确定电阻 R_T 与温度 T 的关系，首先要确定 R_0 的值，R_0 值不同时，R_T 与 T 的关系也存在差异。目前国内统一设计的一般工业用标准铂电阻 R_0 值有 100 Ω和 500 Ω两种，并将电阻值 R_T 与温度 T 的相应关系统一列成表格，称其为铂电阻的分度表，分度号分别用 Pt100 和 Pt500 表示。

三、实验仪器和材料

1. 实验仪器

YJ-WH-II 材料与器件温度特性综合试验仪，F566-2 红外和接触式二合一测温仪。

2. 实验材料

铂电阻若干。

四、实验内容与步骤

1. 测 Pt100 的 R-t 曲线

将 Pt100 插入恒温腔中，连接好电源线，打开电源开关，顺时针调节“温度粗选”和“温度细选”钮到底。打开加热开关，加热指示灯发亮（加热状态），观察恒温腔温度的变化，当恒温加热炉温度即将达到所需温度（50℃）时逆时针调节“温度粗选”和“温度细选”钮使指示灯闪烁（恒温状态），仔细调节“温度细选”使恒温加热炉温度恒定在所需温度（如 50.0℃）。用数字多用表 200 Ω挡测出此温度时 Pt100 的电阻值。

重复以上操作，选择温度为 60.0℃、70.0℃、80.0℃、90.0℃、100.0℃，测出 Pt100 在上述温度点时的电阻值（表 17-1）。

根据上述实验数据，绘出 R-t 曲线。

表 17-1 Pt100 电阻随温度的变化

温度/℃	50	60	70	80	90	100
电阻值/Ω						

2. 求 Pt100 的电阻温度系数

根据 R-t 曲线，选取 R-t 曲线图上相距较远的两点（t_1，R_1）及（t_2，R_2）根据下列公式求解：

$$R_1=R_0(1+\alpha t_1) \tag{17-5}$$

$$R_2=R_0(1+\alpha t_2) \tag{17-6}$$

联立求解得：

$$\alpha=(R_2-R_1)/(R_1t_2-R_2t_1) \tag{17-7}$$

表 17-2 Pt100 电阻温度系数

温度/℃	50	60	70	80	90	100
电阻值/Ω	—					
电阻温度系数	—					

3. 注意事项

① 供电电源插座必须良好接地。

② 在整个电路连接好之后才能打开电源开关。

五、实验报告

1. 记录测试样品电阻随温度变化的数值，绘制样品的 R-t 曲线。

2. 计算测试样品的电阻温度系数。

3. 研究样品可作为温度传感元件时，工作温度的范围以及上述工作温度范围选择的理由。

六、问题与讨论

1. 结合理论知识，从温度对晶体振动的影响出发讨论金属电阻随温度升高的机理。

2. 结合前面的实验，探讨测试样品为半导体时，其电阻变化的趋势以及产生的原因。

3. 分析实验的误差产生的原因以及误差减小的方法。

实验十八 半导体材料霍尔系数的测量及其应用

一、实验目的

1. 了解霍尔效应实验原理以及有关霍尔器件对材料要求的知识。

2. 学习测量霍尔元件的 V_H-I_S 和 V_H-I_M 曲线。

3. 学会使用霍尔效应确定试样的导电类型。

二、实验原理

置于磁场中的载流体，如果电流方向与磁场垂直，则在垂直于电流和磁场的方向会产生一附加的横向电场，这个现象是霍普金斯大学研究生霍尔于1879年发现的，后被称为霍尔效应。如今霍尔效应不但是测定半导体材料电学参数的主要手段，而且利用该效应制成的霍尔器件已广泛用于非接触的电测量、自动控制和信息处理等方面。在工业生产要求自动检测和控制的今天，作为敏感元件之一的霍尔器件，将有更广泛的应用前景。

1. 霍尔效应和霍尔系数

当半导体样品通以电流 I_S，并加一垂直于电流的磁场 B 时，在样品两侧会产生一横向电势差 V_H，这种现象称为“霍尔效应”，V_H 称为霍尔电压。

$$V_H=\frac{R_H I_S B}{d} \tag{18-1}$$

其中，

$$R_H=\frac{U_H d}{I_S B} \tag{18-2}$$

式中，R_H 为霍尔系数；d 为样品厚度。霍尔系数 R_H 可以在实验中测量出来，式中 V_H、I_S、d、B 分别为霍尔电势、样品电流、样品厚度和磁感应强度。单位分别为伏特（V）、安培（A）、米（m）和特斯拉（T）。通常情况下，上述物理量的单位 V_H 为伏（V）、I_S 为毫安（mA）、d 为厘米（cm）、B 为高斯（Gs），则霍尔系数 R_H 的单位为厘米^3/库仑（cm^3/C）。由上述分析可知，将霍尔片置于正交的电磁场中，测试霍尔电压、磁场强度、霍尔片中电流强度以及霍尔片厚度就可以获得测试霍尔片的霍尔系数。

另外，理论计算表明通常情况下，半导体的霍尔系数与半导体材料中载流子浓度存在如下关系，对于 P 型半导体样品，霍尔系数 R_H 可以简单由式（18-3）求得：

$$R_H=\frac{1}{qp} \tag{18-3}$$

式中，q 为空穴电荷电量；p 为半导体载流子空穴浓度。同样，对于 N 型半导体样品，

$$R_H=\frac{1}{qn} \tag{18-4}$$

式中，q 为电子电荷电量；n 为半导体载流子自由电子浓度。考虑到载流子速度的统计分布以及载流子在运动中受到散射等因素的影响，在霍尔系数的表达式中还应引入霍尔因子 A，则式（18-3）、式（18-4）修正为：

P 型半导体样品，
$$R_H=\frac{A}{qp} \tag{18-5}$$

N 型半导体样品，
$$R_H=\frac{A}{qn} \tag{18-6}$$

A 的大小与散射机理及能带结构有关。由理论计算，在弱磁场（一般为200mT）条件下，对球形等能面的非简并半导体，在较高温度（晶格散射起主要作用）情况下，$A=1.18$，在较低的温度（电离杂质散射起主要作用）情况下，$A=1.93$；对于高载流子浓度的简并半导体以及强磁场条件 $A=1$；对于晶格和电离杂质混合散射情况，一般取文献报道值。

但是，上述只是考虑了一种载流子的情况，对于电子、空穴混合导电的情况，在计算 R_H 时应同时考虑两种载流子在磁场偏转下偏转的效果。对于球形等能面的半导体材料，可以证明：

$$R_H=\frac{A(p-nb^2)}{q(p+nb)^2} \tag{18-7}$$

式中，$b=\frac{\mu_n}{\mu_p}$，μ_p、μ_n 分别为电子和空穴的迁移率；A 为霍尔因子。

2. 霍尔系数 R_H 与其它参数间的关系

根据测定的 R_H 可进一步确定以下参数：

(1) 由 R_H 的符号（或霍尔电压的正负）判断样品的导电类型。判别的方法是按图 18-1 所示的 I_S 和 B 的方向，若测得的 $V_H=V_{A'A}<0$，即点 A 点电位高于点 A′的电位，则 R_H 为负，样品属 N 型；反之则为 P 型。

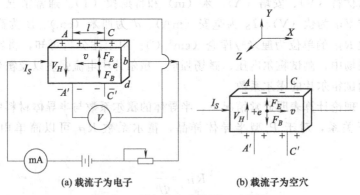

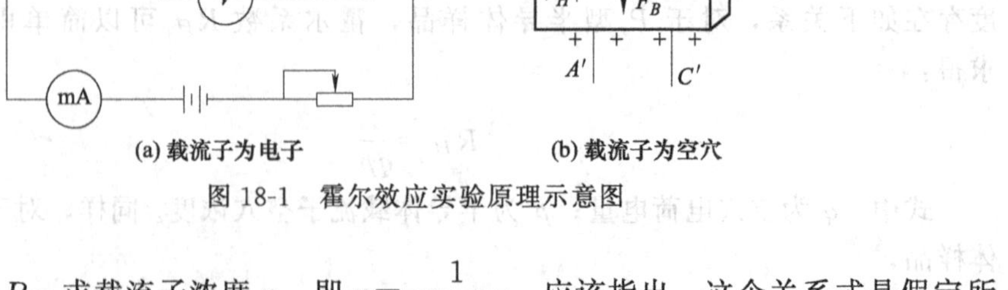

图 18-1 霍尔效应实验原理示意图

(2) 由 R_H 求载流子浓度 n，即 $n=\frac{1}{|R_H|e}$。应该指出，这个关系式是假定所有载流子都具有相同的漂移速度而得到的，严格一点，如果考虑载流子的速度统计分布，需引入 $\frac{3\pi}{8}$ 的修正因子（可参阅黄昆、谢希德著《半导体物理学》）。

(3) 结合电导率的测量，求载流子的迁移率 μ。电导率 σ 与载流子浓度 n 以及迁移率μ之间有如下关系：

$$\sigma = ne\mu \tag{18-8}$$

即$\mu = |R_H|\sigma$，测出σ值即可求μ。

3. 霍尔系数与温度的关系

R_H与载流子浓度之间有反比关系，当温度不变时，载流子浓度不变，R_H不变，而当温度改变时，载流子浓度发生变化，R_H也随之改变。实验可得$|R_H|$随温度T变化的曲线。

(1) 杂质电离饱和区。所有的杂质都已电离，载流子浓度保持不变。对于P型半导体$p \gg n$，由$R_H = \frac{A(p-nb^2)}{q(p+nb)^2}$式中，$nb$、$nb^2$可以忽略，简化为：

$$R_H = A\frac{1}{qp} = A\frac{1}{qN_A} > 0 \tag{18-9}$$

式中，N_A为受主杂质浓度。

(2) 温度逐渐升高，价带的电子开始激发到导带，由于$\mu_n > \mu_p$，所以$b > 1$，当温度升高到使$p = nb^2$时，$R_H = 0$。

(3) 温度继续升高，更多的电子激发到导带，$p < nb^2$而使$R_H < 0$，$R_H = \frac{A(p-nb^2)}{q(p+nb)^2}$式中的分母增大，$R_H$减小，将会达到一个负的极值，此时价带的空穴数$p = n + N_A$，将它带入$R_H = \frac{A(p-nb^2)}{q(p+nb)^2}$，并对$n$求微商，可以得到当$n = \frac{N_A}{b-1}$时，$R_H$达到极值$R_{HM}$：

$$R_{HM} = \frac{A}{qN_A} \times \frac{(b-1)^2}{4b} \tag{18-10}$$

由此式可见，只要测得R_{HM}和杂质电离饱和区的R_H，就可以测定出b的大小。

(4) 当温度继续升高，达到本征范围时，半导体中载流子的浓度大大超过受主杂质浓度，所以R_H随温度上升而成指数下降，R_H只因本征载流子浓度n_i决定。

三、实验设备和材料

1. 实验设备

霍尔效应测试仪，变温系统，励磁电源，直流电源，线圈，电烙铁。

2. 实验材料

标准霍尔片，自制霍尔片，导线，焊锡，液氮。

四、实验内容和步骤

1. 掌握仪器性能，连接测试仪与实验仪之间的各组连线

（1）开关机前，测试仪的“I_S 调节”和“I_M 调节”旋钮均置零位（即逆时针旋到底）。

（2）按图 18-2 连接测试仪与实验仪之间各组连线。

★注意：① 样品各电极引线与对应的双刀开关之间的连线已由制造厂家连接好，请勿再动！② 严禁将测试仪的励磁电源“I_M 输出”误接到实验仪的“I_S 输入”或“V_H、V_0 输出”处，否则，一旦通电，霍尔样品即遭损坏！

样品共有三对电极，其中 A、A'或 C、C'用于测量霍尔电压 V_H，A、C 或 A′、C'用于测量电导，D、E 为样品工作电流电极。样品的几何尺寸为：$d=0.5\text{mm}$，$b=4.0\text{mm}$，A、C 电极间距 $l=3.0\text{mm}$。仪器出产前，霍尔片已调至中心位置。霍尔片放置在电磁铁空隙中间，在需要调节霍尔片位置时，必须谨慎，切勿随意改变 y 轴方向的高度，以免霍尔片与磁极面摩擦而受损。

★注意：霍尔片性脆易碎，电极甚细易断，严防撞击或用手去摸，否则，即遭损坏！

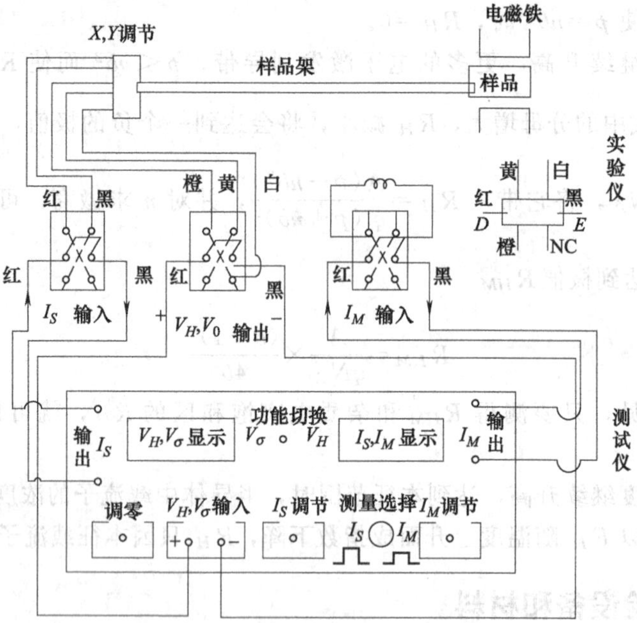

图 18-2　实验线路连接装置图

（3）接通电源，预热数分钟，电流表显示“.000”（当按下“测量选择”键时）或“0.00”（放开“测量选择”键时），电压表显示为“0.00”。

（4）置“测量选择”于 I_S 挡（放键），电流表所示的值即随“I_S 调节”旋钮顺时针转动而增大，其变化范围为 0～10mA，此时电压表所示读数为“不等势”电压值，它随 I_S 增大而增大，I_S 换向，V_H 极性改号（此乃“不等势”电压值，可通过“对称测量法”予以消除）。取 $I_S\approx 2\text{mA}$。

（5）置“测量选择”于I_M挡（按键），顺时针转动“I_M调节”旋钮，电流表变化范围为0～1A。此时V_H值随I_M增大而增大，I_M换向，V_H极性改号（其绝对值随I_M流向不同而异，此乃副效应而致，可通过“对称测量法”予以消除）。至此，应将“I_M调节”旋钮置零位（即逆时针旋到底）。

（6）放开测量选择键，再测I_S，调节$I_S \approx 2mA$，然后将“V_H，V_σ输出”切换开关倒向V_σ一侧，测量V_σ电压（A、C电极间电压）；I_S换向，V_σ亦改号。这些说明霍尔样品的各电极工作均正常，可进行测量。将“V_H、V_σ输出”切换开关恢复V_H一侧。

2. 常温下测绘V_H-I_S曲线

将测试仪的“功能切换”置V_H、I_S及I_M换向开关掷向上方，表明I_S及I_M均为正值（即I_S沿X轴方向，I_M沿Y轴方向）。反之，则为负。保持I_M值不变（取$I_M=0.600A$），改变I_S的值，I_S取值范围为1.00～4.00mA。将实验测量值记录下来。

3. 常温下测绘V_H-I_M曲线

保持I_S值不变（取$I_S=3.00mA$），改变I_M的值，I_M取值范围为0.300～0.800A。将测量数据记录下来。

4. 将霍尔元件浸没在液氮氛围中，测试霍尔片温度，并且重复测试霍尔片的V_H-I_S曲线、V_H-I_M曲线

5. 将霍尔片放置在恒温系统中，测试霍尔片温度，并且重复测试霍尔片的V_H-I_S曲线、V_H-I_M曲线

6. 确定样品导电类型

将实验仪三组双刀开关均掷向上方，即I_S沿X方向，B沿Z方向，毫伏表测量电压为$V_{A'A}$。取$I_S=2mA$，$I_M=0.6A$，测量$V_{A'A}$大小及极性，由此判断样品导电类型。

7. 求样品不同测试温度下的R_H、n、σ和μ值。

五、实验报告

1. 请根据所掌握的霍尔效应的原理，设想霍尔效应在工业应用中的作用。

2. 请查阅相关资料，分析在低温下霍尔效应的特点，及其与常温时的不同之处。

3. 请查阅相关资料，了解分数霍尔效应、量子霍尔效应的相关理论知识。

六、问题与讨论

1. 霍尔效应产生的物理机制是什么？

2. 常温下，半导体材料的霍尔系数比普通导体偏大的原因以及机理解释。

3. 查阅资料，讨论霍尔效应可以在工业上有哪些应用？

实验十九 材料的介电性能测试

一、实验目的

1. 掌握介电材料的极化、介电性能及其表示方法。
2. 了解精密阻抗分析仪的设备构造、测试原理和试样要求。
3. 掌握利用精密阻抗分析仪对材料的介电性能进行测试的方法。

二、实验原理

物质都是由带正、负电荷的粒子构成的，如果将物质置于电磁场中，其中的带电粒子则会因电磁场力的作用而改变其分布状态。这种改变从宏观效应上看，表现为物质对电磁场的极化、磁化和传导响应，分别由介电常数（Permittivity）ε、磁导率（Permeability）μ 和电导率（Conductivity）σ 来描述。一般来说，物质对电磁场同时表现出上述三种响应，只是大小强弱差异较大。主要表现为极化效应和磁化效应的物质称为电介质和磁介质，而以传导效应为主的物质则称作导体。

对于电介质和磁介质，复介电常数 $\varepsilon=\varepsilon_r\varepsilon_0$ 和复磁导率 $\mu=\mu_r\mu_0$ 是描述介质特性的两个基本参数，分别表示为 $\varepsilon=\varepsilon'-j\varepsilon''$ 和 $\mu=\mu'-j\mu''$。其中，实部 ε' 和 μ' 分别表示介质在电场或磁场作用下产生的极化或磁化的程度；ε'' 和 μ'' 则分别表示在外加电场或磁场作用下，材料电偶极矩或磁偶极矩产生重排引起损耗的量度，ε_r、μ_r 分别为相对介电常数以及相对磁导率；而 ε_0 和 μ_0 则表示真空中的介电常数和磁导率。其中，$\varepsilon_0=8.854\times10^{-12}\text{F/m}$，$\mu_0=4\pi\times10^{-7}\text{H/m}$ 电磁波在真空中的传播速度定义为：$c=\dfrac{1}{\sqrt{\mu_0\varepsilon_0}}=3\times10^8\text{m/s}$，另外定义损耗角正切（Loss Tangent）为：$\tan\delta_e=\varepsilon''/\varepsilon'$，$\tan\delta_m=\mu''/\mu'$，其中，$\delta_e$ 表示电感应场 D 相对于外加电场的滞后相位，同样 δ_m 为磁感应场 B 相对于外加磁场的滞后相位。而电损耗角正切还可以表示成电导率 σ 的函数：

$$\tan\delta_e=\frac{\varepsilon''}{\varepsilon'}=\frac{\sigma}{\omega\varepsilon_0\varepsilon'}=\frac{\text{传导电流密度}}{\text{位移电流密度}} \tag{19-1}$$

也即是说，角频率 ω 与损耗因数的乘积决定着材料的电导率，$\sigma=\omega\varepsilon_0\varepsilon''$。介质的电导率是由跟能量损耗有关的所有因素叠加而成的，由载流子的位移所引起的欧姆电导和与耗散有关的损耗都属于这些因素。

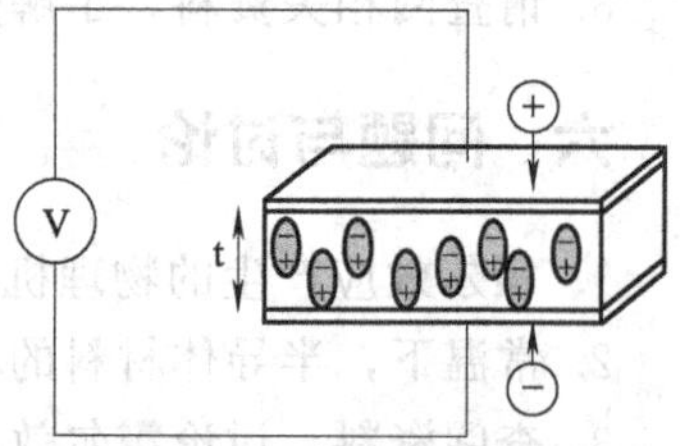

图 19-1 平行板电容器示意图

1. 介电常数

介电常数（Permittivity）描述的是材料与电场之间的相互作用。对于如图19-1所示的平行板电容器，当在两板间施加电压 U 时，两板上的电荷 Q_0 与所施加的电压成正比，比例系数 $C_0=Q_0/U$ 称为电容（Capacitance）。若平行板电容器的平板面积为 S，两板间距为 t，则电容器的电容 C_0 可以表示为：

$$C_0=\varepsilon_0\frac{S}{t}=\frac{Q_0}{U} \tag{19-2}$$

其中，ε_0 是真空中的介电常数。当电容器的两平行板间填充另外一种介质时，介质中的电荷不可能像导体般传递过去，但材料内部带正负电荷的各种质点受电场力的作用将会发生相互的位移，形成许多电偶极矩，即产生极化作用(Polarization)。结果就在材料的表面感应出异性电荷，这部分异性电荷中和了电容器极板上的部分电荷，故在相同电压条件下，增加了电荷的容量。假设电荷增加了 Q_1，即 $Q_0+Q_1=CU$，此时电容器容量也随之增加。此时的电容可以表示为：

$$C=\varepsilon\frac{S}{t}=\frac{Q_0+Q_1}{U},\text{即}\ \varepsilon=C\frac{t}{S} \tag{19-3}$$

此处的参数 ε 即为该填充介质的介电常数。由介质材料的添加所引起的电容量增加的比例，我们称之为介质的相对介电常数，表示为：

$$\varepsilon_r=\frac{\varepsilon}{\varepsilon_0}=\frac{C}{C_0}=\frac{Q_0+Q_1}{Q_0} \tag{19-4}$$

对于介质的相对介电常数 ε_r，也简称为介电常数。我们平时所指的介电常数都是指介质或材料的相对介电常数，并表示为：

$$\varepsilon_r=\frac{\varepsilon}{\varepsilon_0}=\varepsilon'_r-j\varepsilon''_r \tag{19-5}$$

一些常见物质的介电常数如表 19-1 所示。

表 19-1　一些常见物质在室温下的介电常数

物质	介电常数	物质	介电常数	物质	介电常数
空气	1.0	丙酮	20.7	氧化铝	9.3～11.5
水(0 ℃)	88	苯	2.3	碎石	5.4～5.6
水(20 ℃)	80.4	二氧化碳	1.0	水泥	4.5
水(100 ℃)	55.3	碳酸钙	6.1～9.1	蜂蜡	2.7～3.0
水(200 ℃)	34.5	金刚石	5.5～10.0	石蜡	2.5
工业酒精	16～31	乙醇	24.3	石英	2.5～4.5

2. 电介质极化

设一原子的原子核近似为半径为 R 的球体，原子核携带的正电荷为 Q。在外电场 E 的作用下，该原子的原子核与其外部的电子云的中心将要偏离原子中心，产生相对位移 d，如图 19-2 所示。产生这一相对位移的动力是电场力对带有正电荷的原子核与具有等量负电荷的电子云受到的斥力与引力。度量这一极化产生的效果用电偶极矩 μ 表示，可以表示为：$\mu=\alpha E$。其中，α 是一个比例系数，称之为极化率（Polarizability），是反映单位局部电场所形成质点的电偶极矩大小的量度。

电介质的极化机理主要有以下几种：

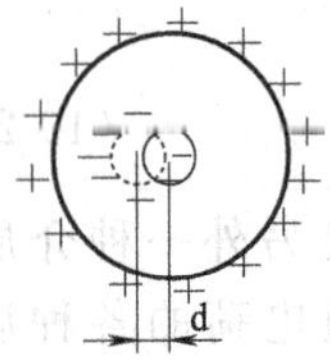

图 19-2 原子极化示意图

（1）电子极化率（α_e），是指离子或原子的电子云相对于携带正电荷的原子核位移引起的极化率。这种极化在一切电介质中都存在。大多数电子极化率与原子或离子半径的三次方成正比关系：

$$\alpha_e = 4\pi\varepsilon_0 R^3 \tag{19-6}$$

（2）离子极化率（α_i），是指正负离子发生相对位移而引起的极化率。离子极化率和正负离子半径之和的三次方成正比：

$$\alpha_i = \left(\frac{r_+ + r_-}{n-1}\right)^3 \tag{19-7}$$

式中，n 称为波恩指数，r_+、r_- 分别表示正负离子的半径。

（3）极性分子极化率（α_d），也称为定向极化率，是指某些固体在无电场作用下，分子本身就已经是偶极矩了。由于热运动的存在，它们分布无序，对外呈现出电中性。在外加电场作用下这些偶极矩将发生转动，改变方向，尽可能与电场方向保持一致，从而引起极化。

（4）空间电荷极化率（α_s），主要是由于载流子在电介质中迁移或受到界面阻碍，或在电极上不能充放电或被杂质捕获，结果使得电场变形，增加电容量。

对于某一种电介质材料来说，其总的极化率为：

$$\alpha = \alpha_e + \alpha_i + \alpha_d + \alpha_s \tag{19-8}$$

而其介电常数也是由于上述各种极化的综合作用而产生的结果。

3. 测试原理

本实验中，我们采用 Agilent E4991A 精密阻抗分析仪对材料的介电常数进行测试。Agilent E4991A 对材料介电常数的测量所采用的是电容法（Capacitance Method），通过测量被测材料的电容来计算材料的相对介电常数，其所采用的测量夹具为 16453A，电容法的测试原理图如图 19-3 所示。

图 19-3 中 DUT 表示待测试样（Device Under Test），其厚度为 t，S 表示与被测试样表面接触的电极的面积。被测试样可以等效为一个电容 C ［如图 19-3（b）所示］，由于该电容的电容值较其阻抗要小得多，所以它又可以等效为一个包含平行电容（C_p）和平行电导（G）的等效电路［如图 19-3（c）所示］。

电路图（b）和（c）的导纳可以分别表示为：

$$Y = j\omega C = j\omega \left|\varepsilon_r^*\right| C_0,\ Y^* = G + j\omega C_p = j\omega\left(\frac{C_p}{C_0} - j\frac{G}{\omega C_0}\right)C_0 \tag{19-9}$$

于是，材料的复介电常数可以表示为：

$$\varepsilon_r^* = \frac{C_p}{C_0} - j\frac{G}{\omega C_0} \tag{19-10}$$

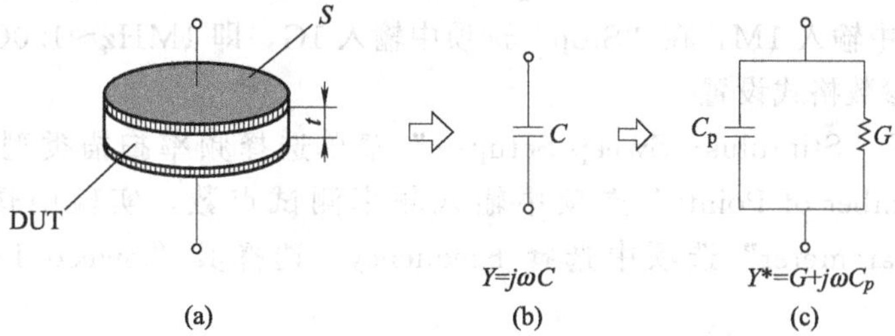

图 19-3　电容法测试材料介电常数的等效电路图

由于复介电常数 $\varepsilon_r^*=\varepsilon_r'-j\varepsilon_r''$，由此可以得到介电常数的实部和虚部分别为：

$$\varepsilon_r'=\frac{C_p}{C_0}=\frac{tC_p}{\varepsilon_0 S},\varepsilon_r''=\frac{G}{\omega C_0}=\frac{t}{\omega\varepsilon_0 SR_p} \tag{19-11}$$

因为 $C_0=\varepsilon_0\dfrac{S}{t}$，$G=\dfrac{1}{R_p}$。

☆注：此处计算中所用的 S 是指夹具 16453A 中下面电极的面积，R_p 为等效电阻。

三、实验设备与材料

1. 实验设备

精密阻抗分析仪 Agilent E4991A，测试夹头 Test Head，测试所需夹具 Agilent 16453A。配件：鼠标，键盘，游标卡尺。

2. 实验材料

待测样品，黏结剂（本实验中采用聚乙烯醇 Polyvinyl Alcohol，PVA）。

3. 测试试样的尺寸要求

介电常数的测试需要薄片形试样，试样的尺寸要求如图 19-4 所示。

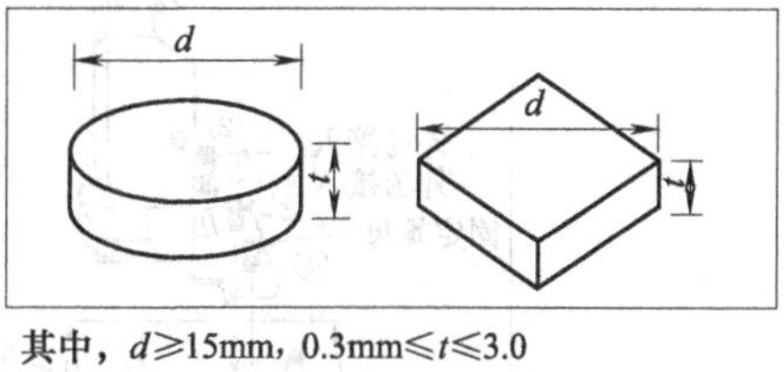

图 19-4　介电常数测度所需试样的尺寸要求

四、实验内容及步骤

1. 待测参数选择

（1）将鼠标、键盘及测试夹头与阻抗分析仪连接后，打开仪器电源，将仪器预热 30min 以上。

（2）选择仪器右下角的 System 主菜单下的 Preset 键，将仪器回复至初始状态。

（3）打开“Utility”菜单，选择“Materials Option Menu”子菜单，在“Material Type”选项中选择 Permittivity，即选择材料介电常数作为待测参数。

（4）打开“Stimulus—Start/Stop…”菜单选择测试频段的起始频率范围。在“Start”选项中输入 1M，在“Stop”选项中输入 1G，即 1MHz～1.0GHz。

2. 待测参数格式设置

（1）打开“Stimulus—Sweep Setup…”菜单选择频率扫描类型。在其子菜单下的“Number of Points”选项中输入频率测试点数，实验中选择 201 点。在“Sweep Parameter”选项中选择 Frequency，选择其“Sweep Type”为 Log 格式。

（2）打开“Display”菜单，在“Num of Traces”中选择 2 Scalar，即选择两个矢量（ε'和 ε''）进行测试。

（3）打开“Measurement—Meas/Format”菜单，选择 Trace 1 为当前通道 (active trace)，在“Meas Parameter”选项中选择 ε'_r，在“Format”选项中选择 Lin Y-Axis。然后选择 Trace 2 为当前通道，在“Meas Parameter”选项中选择 ε''_r 在“Format”选项中选择 Lin Y-Axis。

3. 对仪器进行校准

在对材料的介电常数进行测试之前，需要对仪器和测试夹具进行校准。

（1）按照图 19-5 所示，连接测试夹具 16453A 与测试夹头（Test Head)，然后打开“Stimulus—Cal/comp…”菜单中的“Cal Kit Menu”选项，在“Thickness”选项中输入标准试样的厚度“0.78mm”，即标准试样的厚度为 78μm。在其中的“Fixture Type”选项中选择 16453A 作为测试夹具。

（2）选择“Cal Menu”菜单，对仪器进行短路、开路和负载校准。负载即为标准试样，其厚度为 78μm。

（3）校准完毕后，在“Meas Short”、“Meas Open”和“Meas Load”选项前面应该有一个“√”标记。然后点按“Done”按钮，校准过程全部结束，此时屏幕下方的“Uncal”会变为“CalFix”。

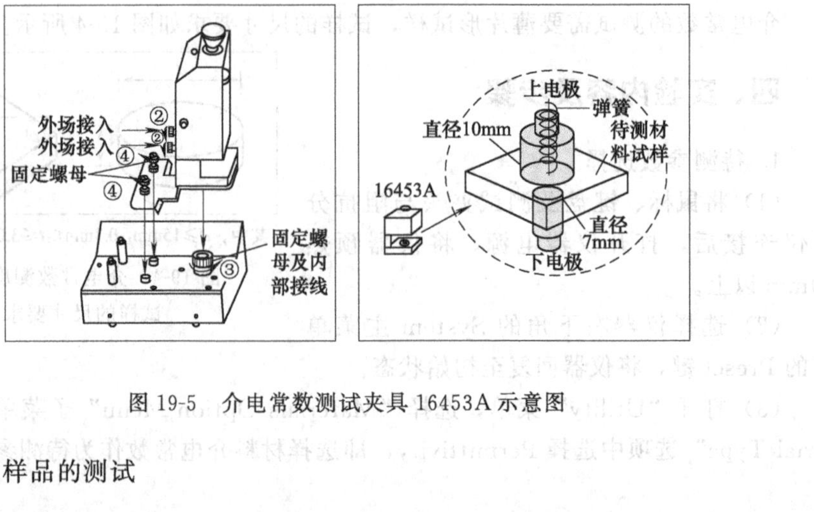

图 19-5 介电常数测试夹具 16453A 示意图

4. 待测样品的测试

对仪器进行校准以后，即可对待测样品进行介电常数测试。因为一般测试的样品与标准样品的厚度不同，因此在测试前首先确定试样的厚度。

（1）打开“Stimulus—Cal/Comp…”菜单下的“Cal Kit Menu”选项，在“Thickness”选项中输入待测试样的厚度。

（2）提起 16453A 夹具的上端把手，将待测试样放入夹具两电极间，然后松开把手，保证两电极与试样两表面接触良好，此时阻抗分析仪屏幕上显示的即为试样的介电常数曲线，如图 19-6 所示。

5. 测试数据保存

（1）打开“System—Save/Recall”菜单，可以选择其中的“Save Data”或“Save Graphics”保存测试数据或测试图表。

（2）若是保存测试数据，在弹出的“Save Data”对话框中，选择要保存数据的文件名称和保存路径，在“ASCII/Binary”选项中选择 ASCII 格式。

（3）若需要保存图像格式，则在弹出的“Save Graphics”对话框中，选择要保存图像的文件名称和保存路径，在“Format”选项中选择 Jpeg 格式。

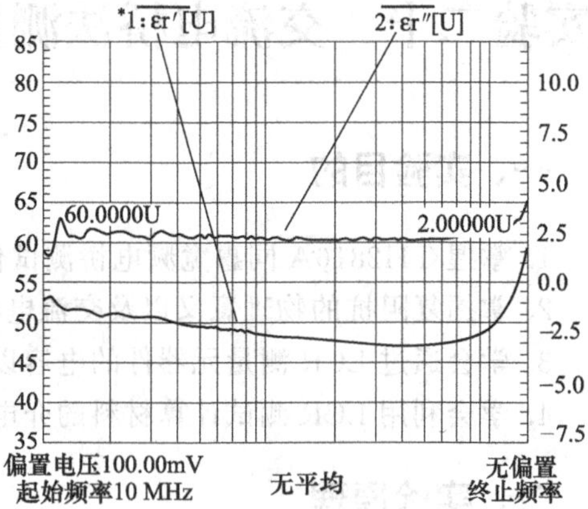

图 19-6　材料的介电常数测试曲线

6. 仪器的关闭

（1）将测试样品从测试夹具中取出，将测试夹具从测试夹头（Test Head）上取下放回原处。

（2）关闭阻抗分析仪的电源按钮，然后关闭总电源。

7. 实验过程中的注意事项

（1）打开仪器后在进行测量前，首先要对仪器进行预热 30min。

（2）连接 Test Head 时，要将三个夹头同时接入，平行用力，装卸夹头时，不可用力过猛，以免损坏夹头。

（3）装卸夹具时，必须首先关闭偏置电压，否则会损坏夹具或夹头。

（4）要保持夹具和夹头的清洁，不可用手触摸夹头部位，不可使夹头部位接触腐蚀性介质。

（5）测试完毕后，要首先关掉仪器电源，然后关闭总电源，切不可直接关闭总电源。

五、实验报告

1. 实验课前认真预习实验讲义和相关教材，掌握测试的基本步骤，能够独立操作 E4991A 进行材料介电常数的测试。

2. 记录实验所测样品的名称和试样尺寸，记录实验数据，利用绘图软件画出介电常数随频率的变化曲线。

六、问题与讨论

1. 测试材料的介电常数对样品的表面有何要求？
2. 查阅文献，了解其他测试材料介电常数的方法。

实验二十　交流电桥法测量材料复阻抗、介电常数

一、实验目的

1. 掌握 TH2816A 同惠宽频电桥测试仪（LCR）的使用。
2. 掌握复阻抗的物理意义以及交流电桥法测试复阻抗的原理。
3. 学会通过 LCR 测量元器件的电容以及介电损耗。
4. 学会利用 LCR 测试计算材料的介电常数。

二、实验原理

1. 介电常数的测试方法

电容因为其快速的充放电性能、优异的循环使用寿命等优点，被认为是新型电能储存元件，越来越受到研究者们的青睐。电容的核心元件是其中的介质材料，介电常数和介电耗损是衡量介质材料性能的两个重要参数，也是衡量电容器性能的重要指标。

介电常数又叫介质常数、介电系数或电容率，它指在同一电容器中用某一介电物质为电介质时和真空条件下电容的比值，用来衡量电介质在电场中储存电荷的能力。因此，测量某种介质材料的介电系数通常是将该材料做成待测试样，测量其电容量，然后经过计算得到介电常数（ε_r）和介电损耗（$\tan\delta$）的值。根据上述定义，材料的介电常数可以用$\varepsilon_r=\dfrac{C}{C_0}$来获得，对理想平行板电容器，其在真空中的电容为：

$$C_0=\varepsilon_0\frac{S}{d} \tag{20-1}$$

由于真空中的介电常数 ε_0 为常数，对于同样尺寸、形状的待测样品，只要测试获得其真实的电容值、厚度以及表面积，就可以计算得到该种材料的介电常数：

$$\varepsilon_r=\frac{\varepsilon}{\varepsilon_0}=\frac{Cd}{\varepsilon_0 S} \tag{20-2}$$

☆注：上面的计算公式均未考虑电极边缘电场的畸变效应。

实际测量中，电场作用下的电容器并不是理想纯电容，由于电荷极化过程中存在着能量损耗，即存在着介电损耗，通常采用等效电容替代，其损耗则可以等效为损耗电阻。如果采用交变电场作用，通过介质的电压和电流矢量之间并不是理想的90°，而是小于90°的一个δ角，此角即为介质损耗角，损耗角δ愈大，损耗分量愈大，即电容器在充放电过程中的能量损耗也就越大，通常采用介质损耗角δ的正切值$\tan\delta$来表示介电损耗。

2. 交流电桥法测试复阻抗

在交流电桥中（图 20-1），四个桥臂由阻抗元件组成，在电桥的一条对角线cd上接入交流指零仪，另一对角线ab上接入交流电源。当调节电桥参数，使交流指零仪中无电流通过时（即$I_0=0$），cd两点的电位相等，电桥达到平衡，这时有：$U_{ac}=U_{ad}$，$U_{cb}=U_{db}$。

即：$I_1Z_1=I_4Z_4$，$I_2Z_2=I_3Z_3$

两式相除有：
$$\frac{I_1Z_1}{I_2Z_2}=\frac{I_4Z_4}{I_3Z_3} \tag{20-3}$$

当电桥平衡时，$I_0=0$，由此可得：$I_1=I_2$，$I_3=I_4$，所以
$$Z_1Z_3=Z_2Z_4 \tag{20-4}$$

上式就是交流电桥的平衡条件，它说明：当交流电桥达到平衡时，相对桥臂的阻抗的乘积相等。

由图 20-1 可知，若第一桥臂由被测阻抗Z_x构成，则：$Z_x=\frac{Z_2}{Z_3}\times Z_4$

当其他桥臂的参数已知时，就可决定被测阻抗Z_x的值。

在正弦交流情况下，桥臂阻抗可以写成复数的形式：$Z=R+jX=Ze^{j\varphi}$

若将电桥的平衡条件用复数的指数形式表示，则可得：$Z_1e^{j\varphi_1}Z_3e^{j\varphi_3}=Z_2e^{j\varphi_2}Z_4e^{j\varphi_4}$。

即：
$$Z_1Z_3e^{j(\varphi_1+\varphi_3)}=Z_2Z_4e^{j(\varphi_2+\varphi_4)} \tag{20-5}$$

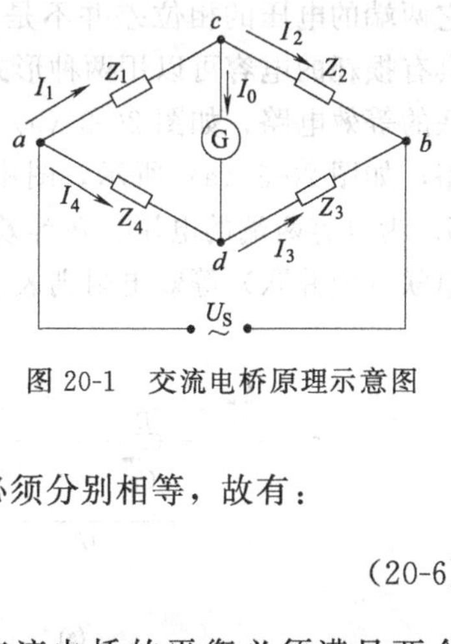

图 20-1 交流电桥原理示意图

上述R、X分别为复阻抗的实部与虚部，φ_1、φ_2、φ_3、φ_4分别为复阻抗的相位角。

根据复数相等的条件，等式两端的幅模和幅角必须分别相等，故有：
$$\begin{cases}Z_1Z_3=Z_2Z_4\\ \varphi_1+\varphi_3=\varphi_2+\varphi_4\end{cases} \tag{20-6}$$

上面就是平衡条件的另一种表现形式，可见交流电桥的平衡必须满足两个条件：一是相对桥臂上阻抗幅模的乘积相等；二是相对桥臂上阻抗幅角之和相等。

由式（20-6）可以得出如下两点重要结论。

(1) 交流电桥必须按照一定的方式配置桥臂阻抗

如果用任意不同性质的四个阻抗组成一个电桥，不一定能够调节到平衡，因此必须把电桥各元件的性质按电桥的两个平衡条件作适当配合。

在很多交流电桥中，为了使电桥结构简单和调节方便，通常将交流电桥中的两个桥臂设计为纯电阻。

由式(20-6)的平衡条件可知，如果相邻两臂接入纯电阻，则另外相邻两臂也必须接入相同性质的阻抗。例如若被测对象 Z_x 在第一桥臂中，两相邻臂 Z_2 和 Z_3(图 20-1)为纯电阻的话，即 $\varphi_2=\varphi_3=0$，那么由式(20-6)可得：$\varphi_4=\varphi_x$，若被测对象 Z_x 是电容，则它相邻桥臂 Z_4 也必须是电容；若 Z_x 是电感，则 Z_4 也必须是电感。

如果相对桥臂接入纯电阻，则另外相对两桥臂必须为异性阻抗。例如相对桥臂 Z_2 和 Z_4 为纯电阻的话，即 $\varphi_2=\varphi_4=0$，那么由式(20-6)可知道：$\varphi_3=-\varphi_x$；若被测对象 Z_x 为电容，则它的相对桥臂 Z_3 必须是电感，而如果 Z_x 是电感，则 Z_3 必须是电容。

(2) 交流电桥平衡必须反复调节两个桥臂的参数

在交流电桥中，为了满足上述两个条件，必须调节两个桥臂的参数，才能使电桥完全达到平衡，而且往往需要对这两个参数进行反复地调节，所以交流电桥的平衡调节要比直流电桥的调节困难一些。

3. 电容以及损耗角的测量

(1) 被测电容的等效电路

实际电容器并非理想元件，它存在着介质损耗，所以通过电容器 C 的电流和它两端的电压的相位差并不是 90°，而且比 90°要小一个 δ 角就称为介质损耗角。具有损耗的电容可以用两种形式的等效电路表示，一种是理想电容和一个电阻相串联的等效电路，如图 20-2(a)所示；一种是理想电容与一个电阻相并联的等效电路，如图 20-3(a)所示，图中 ω 为电流信号的角频率，U_R 为电阻两端的电压，U_C 为电容两端的电压。在等效电路中，理想电容表示实际电容器的等效电容，而串联(或并联)等效电阻则表示实际电容器的损耗。

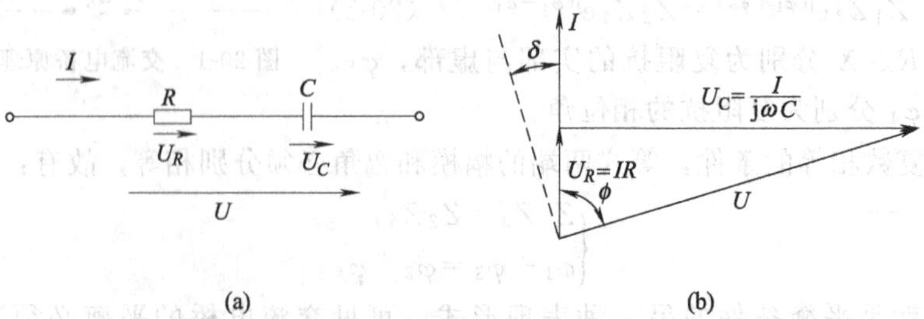

图 20-2 有损耗电容器的串联等效电路(a)和矢量图(b)

图 20-2(b)及图 20-3(b)分别画出了相应电压、电流的相量图。必须注意，等效串联电路中的 C 和 R 与等效并联电路中的 C'、R' 是不相等的。在一般情况

下，当电容器介质损耗不大时，应当有 $C \approx C'$，$R \leqslant R'$。所以，如果用 R 或 R' 来表示实际电容器的损耗时，还必须说明它对于哪一种等效电路而言。因此为了表示方便起见，通常用电容器的损耗角 δ 的正切 $\tan\delta$ 来表示它的介质损耗特性，并用符号 D 表示，通常称它为损耗因数，在等效串联电路中：

$$D=\tan\delta=\frac{U_R}{U_C}=\frac{IR}{I/\omega C}=\omega CR \tag{20-7}$$

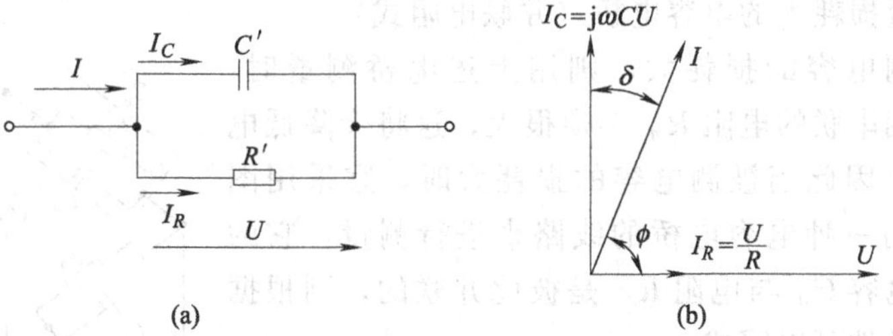

图 20-3　有损耗电容器的并联等效电路（a）及矢量图（b）

在等效的并联电路中：$D=\tan\delta=\dfrac{I_R}{I_C}=\dfrac{U/R'}{\omega C'U}=\dfrac{1}{\omega C'R'}$　　(20-8)

应当指出，在图 20-2（b）和图 20-3（b）中，$\delta=90°-\varphi$ 对两种等效电路都是适合的，所以不管用哪种等效电路，求出的损耗因数是一致的。

（2）测量损耗小的电容电桥（串联电阻式）

图 20-4 为适合用来测量损耗小的被测电容的电容电桥，被测电容 C_x 接到电桥的第一臂，等效为电容 $C_x{}'$ 和串联电阻 R'_x，其中 R'_x 表示它的损耗；与被测电容相比较的标准电容 C_n 接入相邻的第四臂，同时与 C_n 串联一个可变电阻 R_n，桥的另外两臂为纯电阻 R_b 及 R_a，当电桥调到平衡时，有：$\left(R_x+\dfrac{1}{j\omega C_x}\right)R_a=\left(R_n+\dfrac{1}{j\omega C_n}\right)R_b$

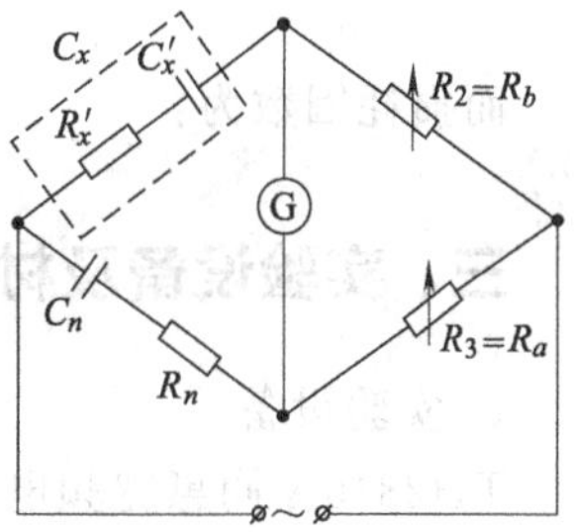

图 20-4　串联电阻式电容电路

令上式实数部分和虚数部分分别相等：$\begin{cases} R_xR_a=R_nR_b \\ \dfrac{R_a}{C_x}=\dfrac{R_b}{C_n} \end{cases}$　　(20-9)

最后得到：$\begin{cases} R_x=\dfrac{R_b}{R_a}R_n \\ C_x=\dfrac{R_a}{R_b}C_n \end{cases}$　　(20-10)

由此可知，要使电桥达到平衡，必须同时满足上面两个条件，因此至少调节两个参数。如果改变 R_n 和 C_n，便可以单独调节互不影响地使电容电桥达到平衡。通常标准电容都是做成固定的，因此 C_n 不能连接可变，这时我们可以调节 R_a/R_b

比值使式（20-9）得到满足，但调节 R_a/R_b 的比值时又影响到式（20-9）的平衡。因此要使电桥同时满足两个平衡条件，必须对 R_n 和 R_a/R_b 等参数反复调节才能实现，因此使用交流电桥时，必须通过实际操作取得经验，才能迅速获得电桥的平衡。电桥达到平衡后，C_x 和 R_x 值可以分别按式（20-3）和式（20-10）计算，其被测电容的损耗因数 D 为：

$$D=\tan\delta=\omega C_x R_x=\omega C_n R_n \tag{20-11}$$

（3）测量损耗大的电容电桥（并联电阻式）

假如被测电容的损耗大，则用上述电桥测量时，与标准电容相串联的电阻 R_n 必须很大，这将会降低电桥的灵敏度。因此当被测电容的损耗大时，宜采用图 20-5 所示的另一种电容电桥的线路来进行测量，它的特点是标准电容 C_n 与电阻 R_x 是彼此并联的，则根据电桥的平衡条件可以写成：

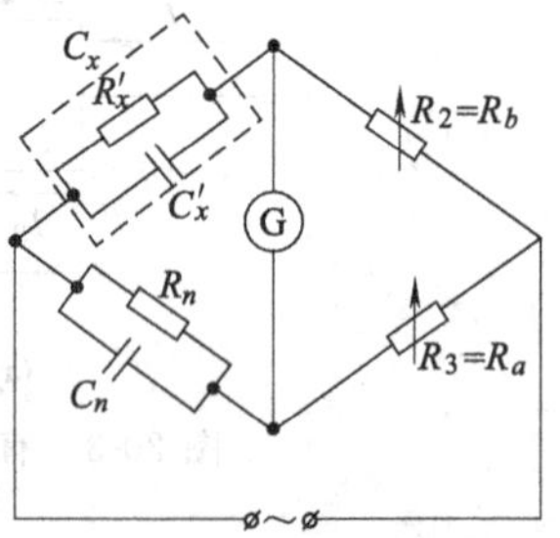

图 20-5　并联电阻式电容电路

$$\frac{R_b}{\dfrac{1}{R_n}+j\omega C_n}=\frac{R_a}{\dfrac{1}{R_x}+j\omega C_x} \tag{20-12}$$

整理后可得：

$$\begin{cases} C_x=C_n\dfrac{R_a}{R_b} \\ R_x=R_n\dfrac{R_b}{R_a} \end{cases} \tag{20-13}$$

而损耗因数为：

$$D=\tan\delta=\frac{1}{\omega C_x R_x}=\frac{1}{\omega C_n R_n} \tag{20-14}$$

三、实验设备及材料

1. 实验设备

TH2816A 同惠宽频电桥测试仪（LCR）。

2. 实验材料

商用电容若干，测试夹具，矫正片，测试介电陶瓷片。

四、实验内容及步骤

使用仪器前必须对仪器进行校准，通常需要对仪器晶型开路、短路校准。开路校准主要消除测试夹具与被测件之间的杂散并联导纳；短路校准主要是消除测试夹具与被测元器件之间残余阻抗的影响。开路校准是让夹具保持开路，短路校准是保持夹具之间短路。

1. 开机，预热 20min，仪器自检，显示进入初始测试状态；
2. 根据损耗因子大小选择合适测试电路；
3. 选择合适测试频率、测试电平、测试速度、测试量程等参数；

4. 链接合适的测试夹具进行校准；

5. 链接测试元器件测试设定参数；

6. 读数、记录测试结果；

7. 关闭电源。

五、实验注意事项

1. 为保证测试数据的精确性，仪器需要预热；

2. 选择合适的测试等效电路，一般而言对于小电容，选择并联等效电路方式更为精确；

3. 带电电容要考虑电流冲击的影响，一般选择测试前进行放电，然后进行测试。

六、实验报告

1. 复阻抗的测试（表 20-1）

表 20-1 复阻抗的测试

测试频率								
阻抗值的大小								
阻抗角的大小								

2. 等效电容及损耗因子的测试（表 20-2）

表 20-2 等效电容及损耗因子的测试

测试频率								
等效电容								
损耗因子								

3. 不同频率介电材料的介电常数（表 20-3），绘制介电常数随频率的关系图

表 20-3 不同频率介电材料的介电常数

测试频率								
等效电容								
介电常数								

七、问题与讨论

1. 交流电桥的平衡条件是什么？

2. 交流电桥的桥臂是否可以任意选择不同性质的阻抗元件组成？应如何选择？

3. 交流电桥和惠斯登电桥的区别在哪些地方？

第三章 磁学性能实验

实验二十一 磁性材料基本特性实验

一、实验目的

1. 了解磁性材料的磁滞回线和磁化曲线概念。
2. 了解振动样品磁强计的测试原理和操作方法。
3. 掌握矫顽力、剩磁的测试方法。

二、实验原理

1. 材料磁性原理

一切可被磁化的物质均可称为磁介质，磁介质的磁化规律可用磁感应强度 B、磁化强度 M、磁场强度 H 之间的关系来描述。一般可表示为：

$$B=\mu_0(H+M)=(\chi_m+1)\mu_0 H=\mu_r\mu_0 H=\mu H \tag{21-1}$$

式中，χ_m 称为磁性材料的磁化率，$\mu_0=4\pi\times10^{-7}$，H/m，为真空中的磁导率，μ_r 称为材料的相对磁导率，且 $\mu_r=\mu/\mu_0$。

磁性材料根据其 μ_r 值的不同，一般可分为顺磁性、抗磁性和铁磁性材料。对于非铁磁性的各向同性磁介质，B 和 H 之间满足线性关系，即 $B=\mu H$。而铁磁性介质的 B 与 H 之间存在着复杂的非线性关系。一般情况下，铁磁性介质内部存在自发的磁化强度，温度越低则自发磁化强度越大，由此 μ 值也随温度的变化而呈现出复杂的变化过程。

外加磁场初期，B 随着 H 的增加而缓慢增加，此时 μ 值较小；随着 H 的增加 B 开始急剧增大，此时 μ 也迅速增加；之后随着 H 的增大，B 逐渐趋于饱和，此时的 μ 值达到最大值，随后又急剧降低。一般用 B-H 曲线来表征铁磁性材料从磁化开始，B 随着 H 的增加而逐渐变化的过程，又称为磁化曲线或磁滞回线，如图 21-1 (a) 所示。由磁滞回线，可以得到磁性材料两个重要的物理量：矫顽力和剩磁。各种铁磁材料具有不同的磁滞回线和矫顽力，矫顽力大的材料称为硬磁材料，矫顽力小的材料称为软磁材料。

磁导率 μ 同时是温度的函数，当温度升高至某个值时，铁磁性介质由铁磁性转变为顺磁性，在 μ-T 曲线上 μ 值变化率最大的点所对应的温度，称为铁磁材料的居里温度 T_C，如图 21-1（b）所示。

磁性材料的矫顽力、剩磁和饱和磁化强度等参数可由振动样品磁强计进行测量。

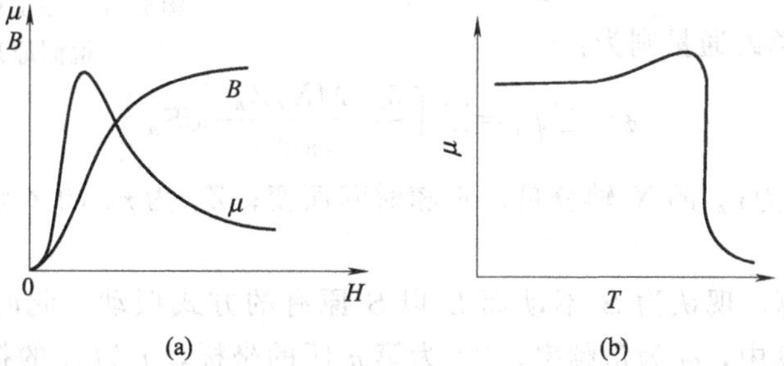

图 21-1 铁磁材料的 B-H 曲线（a）和 μ-T 曲线（b）

2. 实验测试原理

振动样品磁强计（简记为 VSM）由美国的 S. Foner 于 1959 年在前人的研究基础上制成并投入使用，由于其具有很多优异特性而被磁学研究者们广泛采用。后经许多人的改进，使 VSM 成为检测物质内禀磁特性的标准通用设备。所谓“内禀磁特性”，主要是指物质的磁化强度而言，即体积磁化强度 M（单位体积内的磁矩）和质量磁化强度 σ（单位质量的磁矩）。设被测样品的体积为 V（或质量为 m），由于样品很小（如直径 1mm 的小球），当被磁化后，在远处可将其视为磁偶极子：如将样品按一定方式振动，就等同于磁偶极场在振动。于是，放置在样品附近的检测线圈内就有磁通量的变化，产生感生电压。将此电压放大并加以记录，再通过电压-磁矩的已知关系，即可求出被测样品的 M 或 σ。

如图 21-2 所示，体积为 V、磁化强度为 M 的样品 S 沿 Z 轴方向振动。在其附近放一个轴线和 Z 轴平行的多匝线圈 L。在 L 的第 n 匝内取面积元 dS_n，其与坐标原点的矢径为 r_n，磁场沿 X 方向施加。由于 S 的尺度与 r_n 相比非常小，即从检测线圈所在的空间看 S，可将其视为磁偶极子。此时，距离 S 为 r 处的偶极场可表示为：

$$\vec{H}(r_n)=\frac{V}{4\pi}\left[-\frac{\vec{M}}{r_n^3}+\frac{3(\vec{M}\,\vec{r}_n)\vec{r}_n}{r_n^5}\right] \tag{21-2}$$

式中，
$$\vec{r}_n=X_n\vec{i}+Y_n\vec{j}+Z_n\vec{k} \tag{21-3}$$

注意到 M 值只有 X 分量，故 $H_z=\dfrac{3VMX_nr_n}{4\pi r_n^5}$ (21-4)

由此可得到检测线圈 L 内第 n 匝中 dS_n 面积元的磁通量为：

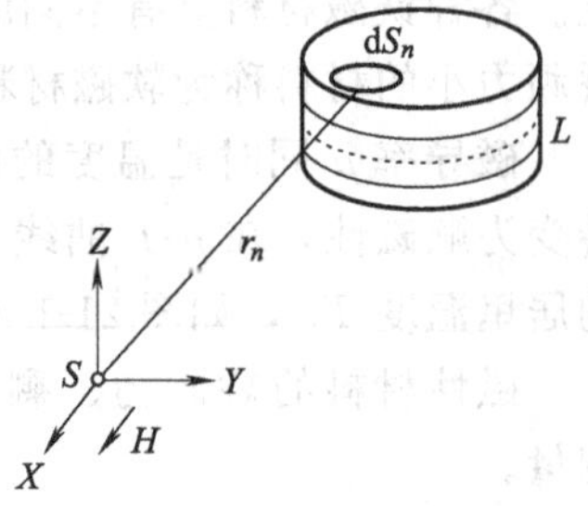

图 21-2 振动样品磁强计磁性检测原理示意图

$$d\phi_n=\mu_0 H_z dS_n=\frac{3\mu_0 M X_n Z_n V}{4\pi r_n^5}dS_n \qquad (21\text{-}5)$$

式中，μ_0 为真空磁导率。而第 n 匝内的总磁通量则为：

$$\phi_n=\int d\phi_n=\int\frac{3\mu_0 M X_n Z_n V}{4\pi r_n^5}dS_n \qquad (21\text{-}6)$$

整个 L 的总磁通量则为：

$$\phi=\sum\phi_n=\sum\int\frac{3\mu_0 M X_n Z_n V}{4\pi r_n^5}dS_n \qquad (21\text{-}7)$$

式中，X_n 为 r_n 的 X 轴分量，不随时间而变；Z_n 为 r_n 的 Z 轴分量，是时间的函数。

为方便计算，现认为 S 不动而 L 以 S 原有的方式振动，此时则有 $Z_n(t)=Z_n^0+a\sin\omega t$，其中，$\omega$ 为角频率，Z_n^0 为第 n 匝的坐标，a 为 L 的振幅。由此可得到检测线圈内的感应电压为：

$$\varepsilon(t)=-\frac{d\phi}{dt}=\left[-\frac{3\mu_0}{4\pi}MVa\omega\sum\int\frac{X_n(r_n^2-5Z_n^2)}{r_n^7}dS_n\right]\cos\omega t=KMV\cos\omega t=KJ\cos\omega t \qquad (21\text{-}8)$$

式中，$K=-\frac{3\mu_0}{4\pi}a\omega\sum\int\frac{X_n(r_n^2-5Z_n^2)}{r_n^7}dS_n$ 为常数。

$J=MV$ 为总磁矩。

显然，精确求解式（21-8）是困难的，但从该方程却能得到一些有意义的定性结论，那就是：检测线圈中的感应电压幅值正比于被测样品的总磁矩 J（或 $J=\sigma m$），且和检测线圈的结构、振动频率和振幅有关。

如果将上式中的 K 保持不变，则感应信号仅和样品总磁矩成正比。预先标定感应信号与磁矩的关系后，就可根据测定的感应信号的大小而推知被测磁矩值。由此，在测出样品的质量和密度后，即可计算出被测样品的磁化强度。

3. 振动样品磁强计工作原理

振动样品磁强计的结构示意图如图 21-3所示。

其主要工作原理：信号发生器产生的功率信号加到振动子上，使振动子驱动振动杆作周期性运动，从而带动黏附在振杆下端的样品作同频同相位振动。扫描电源供电磁铁产生可变磁化外场 H 而使样品磁化，从而在检测线圈中产生感应信号。此

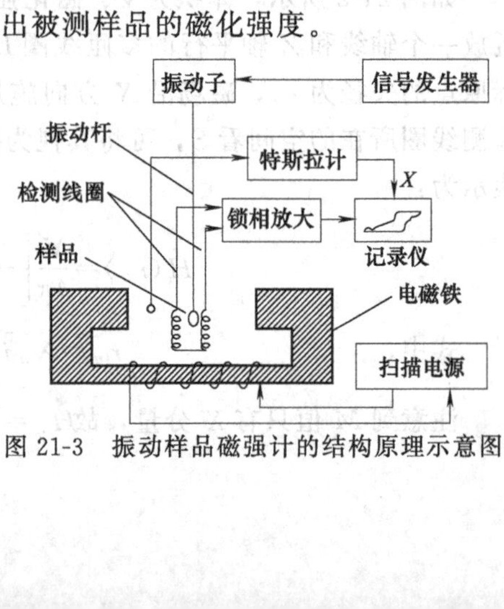

图 21-3 振动样品磁强计的结构原理示意图

信号经放大并检测后，反馈给 X-Y 记录仪的 Y 轴，而测量磁场用的毫特斯拉计的输出则反馈给记录仪 X 轴。这样，当扫描电源变化一个周期后，记录仪将描出 J-H 回线。J 的大小，又必须由已知磁矩的标准样品定标后求得。

如：已知金属 Ni 标样的质量磁矩为 σ_0，质量为 m_0，则其总磁矩为 $J_0=\sigma_0 m_0$。用 Ni 标样取代被测样品，在完全相同的条件下加磁场使 Ni 饱和磁化后测得 Y 轴偏转为 Y_0，则单位偏转所对应的磁矩数应为 $K=\sigma_0 m_0/Y_0$，再由样品的 J-H 回线上量得样品某磁场下的 Y 轴高度 Y_H，则被测样品在该磁场下的磁化强度为：

$$M_H=\frac{KY_H}{V}=\frac{\sigma_0 m_0}{Y_0}\times\frac{\rho}{m}\times Y_H \tag{21-9}$$

或被测样品的质量磁化强度：

$$\sigma_H=\frac{KY_H}{m}=\frac{Y_H}{Y_0}\times\frac{m_0}{m}\sigma_0 \tag{21-10}$$

式中，ρ 为样品密度，m 为样品的质量。这样，我们即可根据实测的 J-H 回线推算出被测样品材料的 M-H 回线。所要注意的是，这里的 H 为外磁场，也就是说，只有在可以忽略样品的“退磁场”情况下，利用 VSM 测得的回线，方能代表材料的真实特征；否则，必须对磁场进行修正后所得到的回线形状，才能表示材料的真实特征。

三、实验设备和材料

1. 实验设备

振动样品磁强计、扫描电源、锁相放大器、信号发生器。

2. 实验材料

金属 Ni 标准样品、待测磁性样品。

四、实验内容与步骤

1. 测试步骤

(1) 将扫描电源的旋钮调至自动扫描，按下扫描电源的开关，调节扫描电源的扫描幅度和扫描速度；

(2) 开启电脑上的 X-Y 记录仪程序，调节其量程到适当位置；

(3) 将样品仔细放入振动头内，对准位置，锁紧压紧螺母；同时调节信号发生器的功率输出，使振动头开始振动；

(4) 开启锁相放大器，当锁相放大器的参考频率等于信号发生器的输出频率时，按下扫描电源的扫描开关，此时测量开始；

(5) 磁滞回线扫描完毕后停止 X-Y 记录仪，停止信号发生器功率输出，此时样品测量结束；

(6) 当扫描电流为零时，关闭扫描电源开关，松开振动头顶端的振动紧固螺母，取出样品，换上另一个样品，重复上述步骤。

2. 注意事项

(1) 开机前要仔细检查设备是否完好、线路连接是否正确，仪表显示是否正常；

(2) 使用扫描电源上的任何一个开关或旋钮，必须是在扫描电源处于停机状态时，才能进行操作，禁止快速操作各旋钮；

(3) 必须等待扫描电源的电流为零时，才能关闭扫描电源停止扫描；

(4) 通过标准样品计算被测样品的相关参数时，待测样品和标准样品必须在相同的条件下进行测量，否则要考虑锁相放大器放大倍数的转换问题。

五、实验报告

1. 实验开始前仔细研读振动样品磁强计的操作说明，严格按照操作先后步骤进行实验。

2. 将测量的数据利用绘图软件作出磁滞回线图，计算出样品的饱和磁化强度、剩磁和矫顽力。

六、问题与讨论

1. 简述振动样品磁强计的原理、特点及用途。

2. 简述振动样品磁强计利用标准样品进行定标的原理和方法。

实验二十二　磁性材料磁致伸缩系数测定实验

一、实验目的

1. 掌握测试材料磁致伸缩系数的原理和方法。

2. 了解磁致伸缩系数与磁化场强度之间的关系。

二、实验原理

磁体在外磁场中磁化时，其形状与体积发生变化，这种现象称为磁致伸缩，以磁致伸缩系数 λ 来表征。当外加磁场达到饱和磁化场时，纵向磁致伸缩系数达到一确定值，称为饱和磁致伸缩系数，表示为 λ_s。

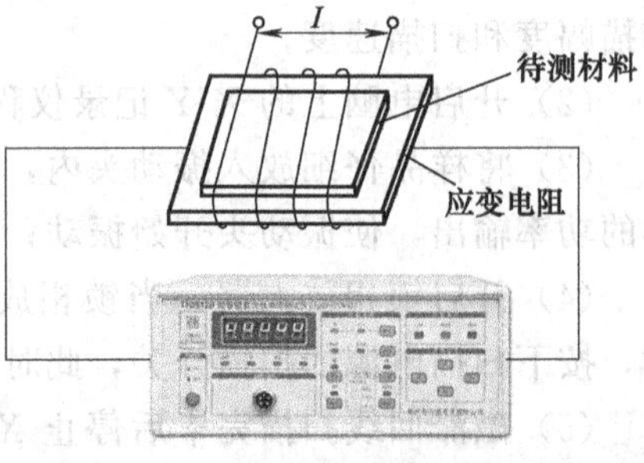

图 22-1　磁致伸缩系数测试原理图

磁致伸缩系数的测试原理如图 22-1

所示。

将待测材料黏结于应变电阻上，并对由待测材料所绕成的线圈通直流电流，在线圈产生的磁场作用下，磁体的尺寸将发生变化，并给应变电阻施加压力，从而使应变电阻的电阻值发生改变。通过测定应变电阻阻值的变化，可以分析当前磁场强度下磁体尺寸的变化量，此即磁致伸缩系数 λ。

三、实验设备和材料

1. 实验设备

TH2512B 型智能低电阻测试仪。

2. 实验材料

待测磁体、应变电阻。

四、实验内容与步骤

1. 开机预热：将智能低电阻测试仪开机，预热 10min 以上，以使得仪器内部线路电参数达到稳定状态。

2. 测试应变电阻的阻值：若使用 20mΩ 和 200mΩ 量程，则要在测试前首先清零。测试前先选定量程，再将测试夹互夹，使 S+端和 S−端直接接触，D+端和 D−端直接接触，并保持良好的接触。具体做法为：使两个测试夹中有引出测试线的两个金属片直接接触，无引出线的两金属片直接接触。若仪器显示不为零，按面板[清零]键，将仪器清零。

仪器所处量程的识别：仪器有 20mΩ 至 20kΩ 七个量程，要正确选择量程，必须先确定当前仪器所处的量程。对于每一量程，仪器都有固定的单位和小数点指示。

3. 将磁体黏结于应变电阻上，绕上线圈，并通以直流电流使磁体磁化，再测定应变电阻的电阻值。

4. 根据测得的应变电阻的阻值，查表并计算得到磁体的磁致伸缩系数。

5. 改变线圈中电流的大小，重复步骤 3～5，可获得 λ-H 的关系曲线，从而得出 λ_s 值。

五、实验报告

记录实验过程中应变电阻的阻值和材料的磁致伸缩系数，计算材料的饱和磁致伸缩系数。

六、问题与讨论

1. 查阅相关资料，说明材料磁致伸缩系数的测试原理。

2. 如何提高磁性材料的磁致伸缩系数。

实验二十三 材料的磁导率测试实验

一、实验目的

1. 掌握磁性材料的磁化性能及其表示方法。
2. 掌握利用精密阻抗分析仪对材料的磁导率进行测试的方法。

二、实验原理

1. 物质的磁性

磁性是物质的基本属性之一，而原子的磁性是磁性材料的基础。当外加磁场发生改变时，系统的能量也随之改变，这时就表现出系统的宏观磁性。从微观的角度来看，物质中带电粒子的运动形成了物质的元磁矩。当这些元磁矩取向为有序时，便形成了物质的磁性。根据物质磁性的不同特点，可以将磁性材料分为弱磁性和强磁性两大类。

弱磁性仅在具有外加磁场的情况下才能表现出来，并随磁场增大而增强。按照磁化方向与磁场的异同，弱磁性又可分为抗磁性和顺磁性。

强磁性主要表现为无外加磁场的条件下仍表现出磁性，即存在自发磁化。根据自发磁化方式的不同，强磁性又可分为铁磁性、亚铁磁性、反铁磁性和螺磁性等。除反铁磁性外，这些磁性通常又广义地称为铁磁性。

图 23-1 为几种典型磁性物质中原子磁矩的排列形式。设箭头表示原子磁矩的方向，其长度代表原子磁矩的大小。由于物质内部自身的力量，使所有原子磁矩都朝向同一方向排列的现象，称为铁磁性 [图 23-1 (a)]；如果相邻的原子磁矩排列的方向相反，但由于它们的数量不同，不能相互抵消，结果在某一方向上仍显示了原子磁矩同向排列的效果，这种现象称为亚铁磁性 [图 23-1 (b)]；如果相邻的原子磁矩排列的方向相反，并且其数量相同，导致原子间的磁矩完全抵消，这种现象称为反铁磁性 [图 23-1 (c)]；某些物质的原子磁矩不等于零，但各原子磁矩的方向紊乱无序，结果在这种物质的任一小区域内还是不会具有磁矩，这就是顺磁性现象 [图 23-1 (d)]。

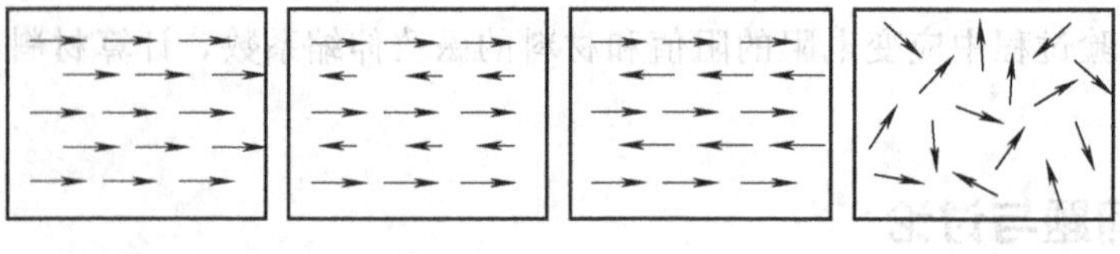

(a) 铁磁性　(b) 亚铁磁性　(c) 反铁磁性　(d) 顺磁性

图 23-1 小区域内原子磁矩的自发排列形式

磁损耗型电磁功能材料通常为铁磁性材料，材料的铁磁性来源于物质内固有磁矩间强大的平行耦合作用，这种作用导致实际材料内部一定大小区间内的所有磁矩都按照一定的规则排列起来，这种现象称为自发磁化。铁磁物质内部分成了许多自发磁化的小区域，每个小区域中的所有原子磁矩都整齐地排列起来，但不同小区域的磁矩方向不同。这些自发磁化的小区域称为磁畴。

铁磁性材料的技术性能都是由其磁畴的形状、大小和它们之间的搭配方式决定的。Fe、Co、Ni 等过渡族元素具有铁磁性，即存在自发磁化和磁畴；而 Mn、Cr 等元素的原子内部虽然也有原子磁矩，但却没有自发磁化使得原子磁矩有序排列而形成磁畴，因此并不具有铁磁性。

2. 磁导率

磁导率（Permeability）描述的是材料与磁场之间的相互作用。对于如图 23-2 所示的电感串联电阻线路，当螺线管中填充的介质为空气时，材料的电感为 L_0，当填充一种磁性介质时，材料的电感表示为 L，则把填充介质前后材料电感的比值称为填充介质的相对磁导率 μ_r，即

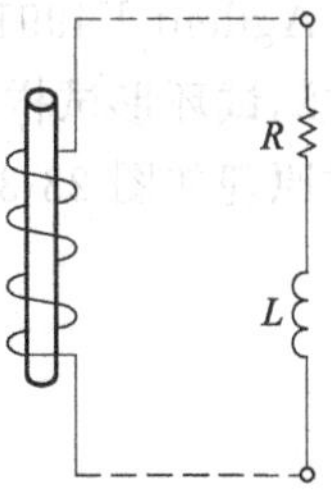

图 23-2 电感串联电阻线路示意图

$$\mu_r = \frac{L}{L_0} \tag{23-1}$$

且定义材料的磁导率 $$\mu = \mu_r \mu_0 \tag{23-2}$$

根据磁场中的安培环路定律，有：$$\oint_c B\mathrm{d}l = \mu_0 (\Sigma I + \Sigma I_m) \tag{23-3}$$

其中，ΣI 和 ΣI_m 分别为穿过回路 c 所围成面积的传导电流和磁化电流的代数和，且有：$$I_m = \oint_c M\mathrm{d}l \tag{23-4}$$

式中，M 称为磁化强度（Magnetization），表示物质被磁化后单位体积内的磁偶极矩矢量之和。

由式（23-3）可得：

$$\oint_c \left(\frac{B}{\mu_0} - M\right) \mathrm{d}l = \Sigma I \tag{23-5}$$

令 $H = \dfrac{B}{\mu_0} - M$，于是式（23-5）可以表示为：

$$\oint_c H\mathrm{d}l = \Sigma I \tag{23-6}$$

式中，H 称作磁场强度（Magnetic Intensity），A/m。

对于大多数各向同性的线性磁介质来说，磁化强度 M 与磁场强度 H 之间存在一定的关系：

$$M = \chi_m H \tag{23-7}$$

式中，χ_m 为介质的磁化率（Magnetic Susceptibility），是一个无量纲的复数。

由式（23-6）和式（23-7）可得：

$$B=\mu_0(H+M)=\mu_0(H+\chi_m H)=\mu_0(1+\chi_m)H=\mu H \tag{23-8}$$

上式中，

$$\mu=\mu_0(1+\chi_m)=\mu_0\mu_r \tag{23-9}$$

式中，μ_r 称为磁性材料的相对磁导率，也简称为磁导率。对于非磁性材料，$\mu_r \approx 1$。对于磁性材料或磁性介质，μ_r 可以表示为：

$$\mu_r=\frac{\mu}{\mu_0}=\mu_r'-j\mu_r'' \tag{23-10}$$

3. 磁导率测试原理

Agilent E4991A 对材料磁导率的测试采用的是电感法（Inductance Method），通过测试环形试样的电感来计算材料的磁导率，所采用的测试夹具为 16454A，其测试原理如图 23-3 所示。

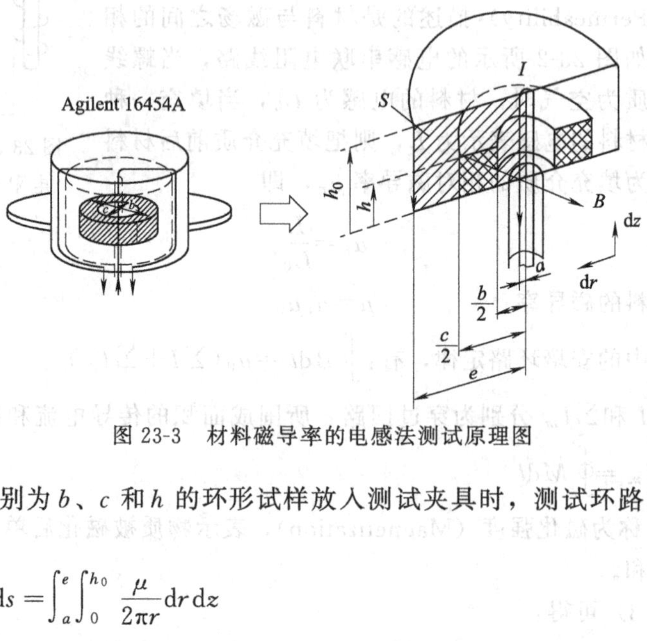

图 23-3　材料磁导率的电感法测试原理图

当尺寸分别为 b、c 和 h 的环形试样放入测试夹具时，测试环路的总电感可以表示为：

$$L=\frac{1}{I}\int B\,\mathrm{d}s=\int_a^e\int_0^{h_0}\frac{\mu}{2\pi r}\mathrm{d}r\,\mathrm{d}z$$

$$=\int_{\frac{c}{2}}^{e}\int_0^{h_0}\frac{\mu_0}{2\pi r}\mathrm{d}r\,\mathrm{d}z+\int_{\frac{b}{2}}^{\frac{c}{2}}\int_0^{h}\frac{\mu_0\mu_r}{2\pi r}\mathrm{d}r\,\mathrm{d}z+\int_{\frac{b}{2}}^{\frac{c}{2}}\int_h^{h_0}\frac{\mu_0}{2\pi r}\mathrm{d}r\,\mathrm{d}z+\int_a^{\frac{b}{2}}\int_0^{h_0}\frac{\mu_0}{2\pi r}\mathrm{d}r\,\mathrm{d}z \tag{23-11}$$

将式（23-11）简化，可以得到：

$$L=\frac{\mu_0}{2\pi}\left((\mu_r-1)h\ln\frac{c}{b}+h_0\ln\frac{e}{a}\right) \tag{23-12}$$

由式（23-12）可以得到 μ_r 的表达式：

$$\mu_r=1+\frac{2\pi(L-L_S)}{\mu_0 h\ln\frac{c}{b}} \tag{23-13}$$

式中，L_S 表示当测试夹具中未装样品时夹具本身的电感，且有：

$$L_S=\frac{\mu_0}{2\pi}h_0\ln\frac{e}{a} \tag{23-14}$$

根据电感与阻抗之间的关系，可得测试环路的总阻抗为：

$$Z^* = \mathrm{j}\omega L \tag{23-15}$$

将式（23-14）和式（23-15）代入式（23-13），得到材料的复磁导率为：

$$\mu_r = 1 + \frac{2\pi(Z^* - \mathrm{j}\omega L_S)}{\mathrm{j}\omega\mu_0 h \ln\frac{c}{b}} = \frac{2\pi L_S - \mu_0 h_0 \ln\frac{e}{a} + \mu_0 h \ln\frac{c}{b}}{\mu_0 h \ln\frac{c}{b}} - \mathrm{j}\frac{R_S}{\omega\mu_0 h \ln\frac{c}{b}} \tag{23-16}$$

由于复磁导率 $\mu_r * = \mu_r' - j\mu_r''$，由此得到磁导率的实部和虚部分别为：

$$\mu_r' = 1 + \frac{2\pi L_S - \mu_0 h_0 \ln\frac{e}{a}}{\mu_0 h \ln\frac{c}{b}},\ \mu_r'' = \frac{R_S}{\omega\mu_0 h \ln\frac{c}{b}} \tag{23-17}$$

式中，L_S、R_S、h_0 均为仪器和夹具的内部参数；R_S 为夹具自身的电阻；ω 为角频率。

即只要知道了被测试样的尺寸数据，即可得到材料的磁导率数值。

☆注：交变电磁场中的材料阻抗（Impedance）Z 是一个复数量，由实部和虚部组成，表示为：

$$Z = R + \mathrm{j}X \tag{23-18}$$

式中，R 表示材料的电阻（Resistance），X 表示材料的电抗（Reactance）。

阻抗的倒数称为材料的导纳（Admittance）Y，它也是一个复数量，可以表示为：

$$Y = \frac{1}{Z} = G + \mathrm{j}B = \frac{1}{R + \mathrm{j}X} = -\frac{R - \mathrm{j}X}{R^2 + X^2} \tag{23-19}$$

式中，G 表示材料的电导（Conductance）；B 为材料的电纳（Susceptance）。

三、实验设备和材料

1. 实验设备

精密阻抗分析仪 Agilent E4991A，测试夹头（Test Head），7mm 标准校准件 16195B，测试所需夹具 Agilent 16454A；

配件：鼠标，键盘，游标卡尺。

2. 实验材料

待测样品，黏结剂［本实验中采用聚乙烯醇（PVA）］。

对材料磁导率的测试，需要圆环形试样。其具体尺寸要求如图 23-4 所示。

四、实验内容和步骤

1. 待测参数设置

Applicable magnetic materials

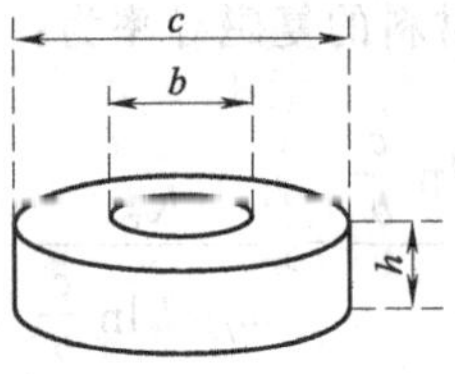

测试频率	试样尺寸
1.0MHz～1.0GHz	$b\geqslant3.1$mm $c\leqslant20$mm $h\leqslant8.5$mm

图 23-4　磁导率测试试样的尺寸要求

(1) 将鼠标、键盘及测试夹头与阻抗分析仪连接后，打开仪器电源，将仪器预热 30 min 以上。

(2) 选择仪器右下角的 System 主菜单下的 Preset 键，将仪器回复至初始状态。

(3) 打开“Utility”菜单，选择“Materials Option Menu”子菜单，在“Material Type”选项中选择 Permeability，即选择材料磁导率作为待测参数。

(4) 打开“Stimulus—Start/Stop…”菜单选择测试频段的起始频率范围。在“Start”选项中输入 1 M，在“Stop”选项中输入 1G，即 1.0MHz～1.0GHz。

2. 待测参数格式设置

(1) 打开“Display”菜单，在“Num of Traces”选项中选择 2 Scalar，即选择两个矢量（μ'和μ''）进行测试；

(2) 打开“Stimulus—Sweep Setup…”菜单，设置频率扫描类型。在其子菜单下的“Number of Points”选项中输入频率测试点数，在本实验中我们选择 201 点。在“Sweep Parameter”选项中选择 Frequency，选择其“Sweep Type”为 Log 格式。

3. 对仪器进行校准

为了减小测试误差，尽量提高仪器的测试精度，在对试样进行测试前首先对设备进行校准，然后对测试夹具进行校准补偿。

(1) 打开“Stimulus—Cal/Comp…”菜单，进入“Cal Menu”子菜单。

(2) 选择仪器 16195B 中的配件，分别将其与测试夹头（Test Head）连接，对系统进行开路、短路和负载校准。当校准完毕后会在“Meas Short”、“Meas Open”和“Meas Load”选项前出现“√”标记，然后点按“Done”按钮，仪器系统校准过程结束。此时屏幕下方的“Uncal”会变为“CalFix”。

(3) 按照图 25-5 所示，连接测试夹具 16454A 与测试夹头（Test Head），然后选择“Stimulus—Cal/Comp…”菜单，在其中的“Fixture Type”选项中选择 16454A (L) 作为测试样品支架。

(4) 将样品支架装入测试夹具 16454A，打开“Stimulus—Cal/Comp…”菜单，选择“Comp Menu”选项，点击其中的“Meas Short”按钮，对夹具进行短路校准补偿。

(5) 校准完毕后，在“Meas Short”选项前面应该有一个“√”标记。然后点按“Done”按钮，校准过程全部结束，此时屏幕下方会显示出“Comp ON”。

4. 待测样品测试

对仪器进行校准以后，即可对待测样品进行磁导率测试。在测试前首先输入待测试样的尺寸数据。

(1) 打开“Utility—Material Option Menu”菜单，在其中“Height”、“Inner Diameter”和“Outer Diameter”选项栏中分别输入待测试样的高度、内径和外径尺寸值；

(2) 将待测环形试样放入试样夹具，保持试样的内径和下表面与试样夹具接触良好。此时阻抗分析仪屏幕上显示的即为试样的磁导率曲线，如图 23-6 所示。

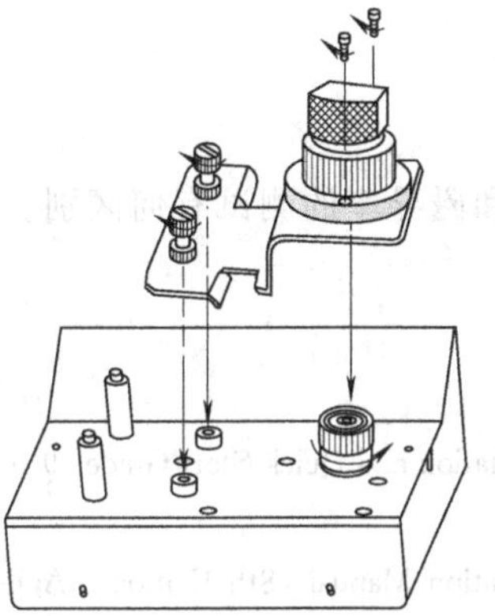

图 23-5　磁导率测试夹具 16454A 安装示意图

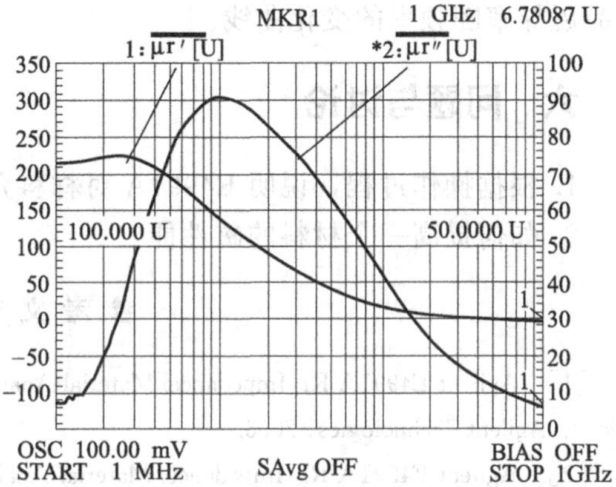

图 23-6　材料的磁导率测试曲线

5. 测试结果保存

(1) 打开“System—Save/Recall”菜单，可以选择其中的“Save Data”或“Save Graphics”保存测试数据或测试图表；

(2) 若是保存测试数据，在弹出的“Save Data”对话框中，选择要保存数据的文件名称和保存路径，在“ASCII/Binary”选项中选择 ASCII 格式；

(3) 若需要保存图像格式，则在弹出的“Save Graphics”对话框中，选择要保存图像的文件名称和保存路径，在“Format”选项中选择 Jpeg 格式。

6. 仪器的关闭

(1) 将测试样品从测试夹具中取出，将测试夹具从测试夹头上取下放回原处；

(2) 关闭阻抗分析仪的电源按钮，然后关闭总电源。

7. 注意事项

(1) 打开仪器后在进行测量前，首先要对仪器进行预热 30min；

(2) 连接 Test Head 时，要将三个夹头同时接入，平行用力；装卸夹头时，不可用力过猛，以免损坏夹头；

(3) 装卸夹具时，必须首先关闭偏置电压，否则会损坏夹具或夹头；

(4) 要保持夹具和夹头的清洁，不可用手触摸夹头部位，不可使夹头部位接触腐蚀性介质；

(5) 测试完毕后，要首先关掉仪器电源，然后关闭总电源，切不可直接关闭总电源。

五、实验报告

1. 实验课前认真预习实验讲义和相关教材，掌握测试的基本步骤，能够独立操作 E4991A 进行材料磁导率的测试。

2. 记录实验测试样品的名称和试样尺寸，记录实验数据，利用绘图软件画出样品磁导率随频率的变化曲线。

六、问题与讨论

1. 根据操作过程，说明 E4991A 对材料介电常数和磁导率的测试有何区别。

2. 如何提高一个材料的磁性能？

参考文献

[1] Agilent E4991A RF Impedance/Material Analyzer: Installation and Quick Start Guide (9th Edition). Agilent Technologies. 2006.

[2] Agilent E4991A RF Impedance/Material Analyzer: Operation Manual (8th Edition). Agilent Technologies. 2006.

[3] K. C. Kao. Dielectric phenomenon in solids. Elsevier Academic Press. 2004.

实验二十四 铁磁性材料居里温度测定实验

一、实验目的

1. 了解铁磁性材料居里温度的概念。

2. 掌握交变电桥法测定铁磁性材料居里温度的方法。

二、实验原理

磁性材料的自发磁化来自于磁性电子间的交换作用。在磁性材料内部，交换作用总是力图使得原子磁矩呈现出有序排列，即平行取向或反平行取向。但是随着温度的升高，原子内热运动能量增大，逐步破坏磁性材料内部的原子磁矩的有序排列。当温度升高至一定温度时，热运动能和交换作用能量相等，此时原子磁矩的有序排列不复存在，材料强磁性消失，呈现顺磁性。磁性材料由强磁性转变为顺磁性时的温度 T_C，称为其居里温度（Curie Temperature）。

不同材料的居里温度是不同的，居里温度的高低反映了材料内部磁性原子之间的直接交换作用、超交换作用和双交换作用。因此，研究和测定磁性材料的居里温度有着重要意义。

通过磁性材料的饱和磁化强度（M_s）和温度依赖性可以得到 M_s-T 曲线，从而可得到 Ms 降为零时所对应的居里温度。这种方法适用于那些可以在变温条件下直接测量样品饱和磁化强度的装置，如磁秤、振动样品磁强计和超导量子干涉器（SQUID）等。通过测定一些非磁性参数，如比热、电阻温度系数、热电势等随温度的变化关系，然后根据这些非磁性量在居里温度附近的反常转折点也可以确定磁性材料的居里温度。

本实验采用交流电桥法测量铁磁材料的居里温度，采用如图 24-1 所示的 RL 交流电桥电路，电桥中的输入电源由信号发生器提供。在实验中选择不同的输出频率 ω 为信号发生器的角频率，选择合适的电子元件相匹配。

当电感中未加入铁氧体时，可直接使电桥平衡，当其中一个电感放入铁氧体之后，电感大小发生变化，引起电桥不平衡。但随着温度的升高，铁氧体由铁磁性转变为顺磁性，CD 两点之间的电位差发生突变并趋于零，电桥又趋于平衡，这个突变点所对应的温度就是铁氧体的居里温度。

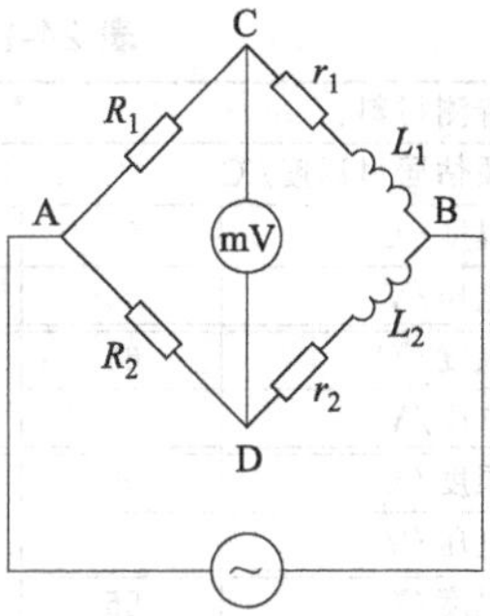

图 24-1　交流电桥测居里温度示意图

实验中可通过桥路电压与温度的变化曲线，求解曲线突变处所对应的温度，并分析研究在升温和降温时的速率对实验结果的影响。

三、实验设备和材料

1. 实验设备

铁磁材料居里温度测试实验仪，包括信号发生器、频率计、交流电压表和信号采集系统。

2. 实验材料

待测铁磁材料。

四、实验内容与步骤

1. 将实验仪器按照仪器说明连接好，并将实验仪器上交流电桥按照“接线示意图”连接，用串口连接线将实验仪器与电脑连接。

2. 打开实验仪器主机，调节交流电桥上的电位器使电桥平衡。

3. 移动电感线圈，露出样品槽，将实验待测铁磁样品放入线圈中心的加热棒中，并均匀涂上导热硅脂。重新将电感线圈移动至固定位置，使样品正好处于电感线圈中心，此时电桥不平衡，记录此时交流电压表的读数。

4. 打开加热开关，调节加热速率，观察温度显示。加热过程中，温度每升高5℃记录一次电压值。

5. 当电压表读数在每5℃变化较大时，每隔1℃左右记下电压表的读数，直到将加热器的温度升至预先设定温度。

6. 根据记录的 V-T 数据作图，计算材料的居里温度。

7. 对测试仪器进行降温，同时记录电压表读数随温度的变化关系，作出降温过程中的 V-T 曲线，同时计算材料的居里温度。

五、实验报告

1. 根据实验过程，记录电压表读数随温度的变化，记入表24-1中。

表24-1 铁磁材料交流电压与加热温度变化关系数据表

待测材料：					室温/℃			
预估居里温度/℃								
温度/℃	25	30	35	40	45	50	55	60
电压/V								
温度/℃	65	70	75	80	85	90	95	100
电压/V								
温度/℃	95	90	85	80	75	70	65	60
电压/V								
温度/℃	55	50	45	40	35	30	25	20
电压/V								

2. 根据升温和降温过程中的 V-T 曲线，计算材料的居里温度。

六、问题与讨论

1. 铁磁材料的三个重要特性是什么？
2. 测试得出的 V-T 曲线，为什么与横坐标没有交点？

实验二十五　磁性材料磁导率温度依赖性实验

一、实验目的

1. 掌握精密阻抗分析仪和环境温度箱的测试原理和操作方法。
2. 掌握材料磁导率温度依赖性的测试方法。

二、实验原理

对于磁性材料，其自发磁化主要来自于磁性电子间的交换作用，而这种交换作用总是力图使得原子磁矩呈现出有序排列。但随着温度的升高，原子内的热运动能量增大，会逐步破坏磁性材料内部的原子磁矩的有序排列。因此磁性材料的磁性能与温度之间存在密切的关系。

三、实验设备和材料

1. 实验设备

精密阻抗分析仪 Agilent E4991A，测试夹头（Test Head），7mm 标准校准件 16195B，测试所需夹具 Agilent 16454A。

环境温度箱 SU-262：温度范围－60～150℃。

配件：鼠标，键盘，游标卡尺。

2. 实验材料

待测圆环形样品，其尺寸要求如图 23-4 所示（见本书实验二十三）；聚乙烯醇黏结剂（PVA）。

四、实验内容和步骤

1. 参数设置

(1) 根据预设的测试温度范围，将环境温度箱内温度分别设定为预设最高温度和最低温度，并各保温 1h。

(2) 将环境温度箱与精密阻抗分析仪及相关附件按照图 25-1 连接，并保证测试电缆在环境温度箱外的长度在 15cm 以上。

(3) 打开各仪器电源，将阻抗分析仪预热 30min。然后通过 System 主菜单下的 Preset 键将仪器回复至初始状态。

(4) 打开阻抗分析仪的“Utility”菜单，选择“Materials Option Menu”子菜单，在“Material Type”选项中选择材料的磁导率作为待测参数。

(5) 打开“Stimulus—Start/Stop …”菜单选择测试频段的起始范围。在“Start”选项中输入 1M，在“Stop”选项中输入 1G，即 1MHz～1GHz。

(6) 打开“Display”菜单，在“Num of Traces”选项中选择 2 Scalar，即选择两个矢量（μ'和μ''）进行测试。

(7) 打开“Stimulus—Sweep Setup…”菜单，设置频率扫描类型。在其子菜单下的“Number of Points”选项中输入频率测试点数：201 点。在“Sweep Parameter”选项中选择 Frequency，选择其“Sweep

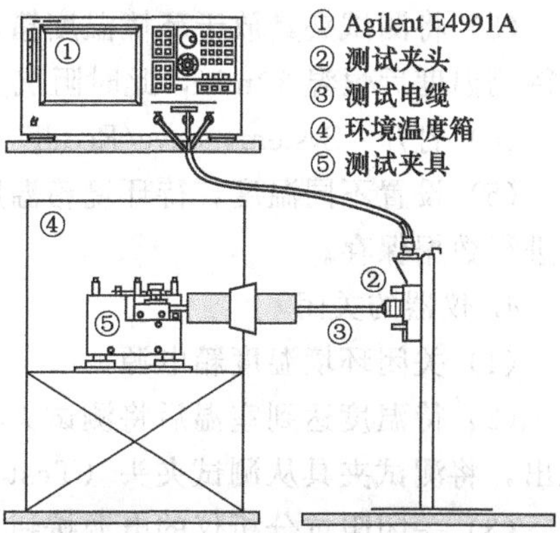

图 25-1　温度依赖性测试系统

Type”为 Log 格式。

2. 仪器校准

为了减小测试误差，尽量提高仪器的测试精度，在对试样进行测试前首先对阻抗分析仪进行校准，然后对测试夹具进行校准补偿。

(1) 打开“Stimulus—Cal/Comp…”菜单，进入“Cal Menu”子菜单。

(2) 选择仪器 16195B 中的配件，分别将其与测试夹头 (Test Head) 连接，对系统进行开路、短路和负载校准。校准完毕后点按“Done”按钮，屏幕下方的“Uncal”会变为“CalFix”。

(3) 按照图 23-5 所示 (见本书实验二十三)，连接测试夹具 16454A 与测试夹头 (Test Head)，然后选择“Stimulus—Cal/Comp…”菜单，在其中的“Fixture Type”选项中选择 16454A (L) 作为测试样品支架。

(4) 将样品支架装入测试夹具 16454A，打开“Stimulus—Cal/Comp…”菜单，选择“Comp Menu”选项，选择“Meas Short”按钮，对夹具进行短路校准补偿。

(5) 校准完毕后，在“Meas Short”选项前面应该有一个“√”标记。然后点按“Done”按钮，校准过程全部结束，此时屏幕下方会显示出“Comp ON”。

3. 样品测试

对仪器进行校准后，即可对待测样品进行磁导率测试。在测试前首先输入待测试样的尺寸数据。

(1) 打开“Utility—Material Option Menu”菜单，在其中“Height”、“Inner Diameter”和“Outer Diameter”选项栏中分别输入待测试样的高度、内径和外径尺寸值。

(2) 将待测环形试样放入试样夹具，保持试样的内径和下表面与试样夹具接触良好。

(3) 将测试夹具放于环境温度箱，并设置环境温度箱的温度。当温度箱温度达到待测温度后恒温 30min，此时阻抗分析仪屏幕上显示的即为试样的磁导率曲线。

(4) 打开“System—Save/Recall”菜单，选择其中的“Save Data”保存测试数据。

(5) 设置不同温度，待环境箱温度达到设定温度后保温 30min，然后对测试结果进行数据保存。

4. 仪器的关闭

(1) 关闭环境温度箱电源。

(2) 待温度达到室温后将测试夹具从温度箱中取出，将测试样品从测试夹具中取出，将测试夹具从测试夹头 (Test Head) 上取下放回原处。

(3) 关闭阻抗分析仪的电源按钮，然后关闭总电源。

5. 注意事项

(1) 精密阻抗分析仪接通电源后，首先要对仪器进行预热 30min。

(2) 连接 Test Head 时，要将三个夹头同时接入，平行用力，装卸夹头时，不可用力过猛，以免损坏夹头。

（3）要保持夹具和夹头的清洁，不可使夹头部位接触腐蚀性介质。

（4）当环境温度箱温度达到预设测试温度时，要恒温 30min 后再对材料的磁性能进行测试。

（5）测试完毕后，要首先关掉仪器电源，然后关闭总电源，切不可直接关闭总电源。

五、实验报告

1. 实验课前认真预习，掌握测试的基本步骤，能够独立操作 E4991A 和环境温度箱进行材料磁导率的测试。

2. 记录实验数据，利用绘图软件画出样品磁导率随频率和测试温度的变化曲线。

六、问题与讨论

1. 根据操作过程，简要说明如何提高实验的测试精度。

2. 磁性材料的磁导率与温度之间存在怎样的关系？

参考文献

[1] Agilent E4991A RF Impedance/Material Analyzer：Installation and Quick Start Guide (9th Edition). Agilent Technologies. 2006.

[2] Agilent E4991A RF Impedance/Material Analyzer：Operation Manual (8th Edition). Agilent Technologies. 2006.

第四章
光学性能实验

实验二十六　X射线荧光分析碳酸盐中的CaO、MgO含量方法

一、实验目的

1. 了解X射线荧光光谱仪的结构和工作原理。
2. 掌握X射线荧光分析法用于物质成分分析方法和步骤。
3. 用X射线荧光分析方法确定碳酸盐中的CaO、MgO含量。

二、实验原理

利用初级X射线光子或其他微观离子激发待测物质中的原子，使之产生荧光（次级X射线）而进行物质成分分析和化学态研究的方法。按激发、色散和探测方法的不同，分为X射线光谱法（波长色散）和X射线能谱法（能量色散）。当原子受到X射线光子（原级X射线）或其他微观粒子的激发使原子内层电子电离而出现空位，原子内层电子重新配位，较外层的电子跃迁到内层电子空位，并同时放射出次级X射线光子，此即X射线荧光。较外层电子跃迁到内层电子空位所释放的能量等于两电子能级的能量差，因此，X射线荧光的波长对不同元素是特征的。

K层电子被逐出后，其空穴可以被外层中任一电子所填充，从而可产生一系列的谱线，称为K系谱线：由L层跃迁到K层辐射的X射线叫Kα射线，由M层跃迁到K层辐射的X射线叫Kβ射线……同样，L层电子被逐出可以产生L系辐射。

如果入射的X射线使某元素的K层电子激发成光电子后L层电子跃迁到K层，此时就有能量ΔE释放出来，且$\Delta E=E_K-E_L$，这个能量是以X射线形式释放，产生的就是Kα射线，同样还可以产生Kβ射线、L系射线等。莫斯莱(Moseley H. G)发现，荧光X射线的波长λ与元素的原子序数Z有关，其数学关

系如下：

$$\lambda=K(Z-S)^{-2} \tag{26-1}$$

这就是莫斯莱定律，式中，K 和 S 是常数，因此，只要测出荧光 X 射线的波长，就可以知道元素的种类，这就是荧光 X 射线定性分析的基础。此外，荧光 X 射线的强度与相应元素的含量有一定的关系，据此，可以进行元素定量分析。

根据色散方式不同，X 射线荧光分析仪相应分为 X 射线荧光光谱仪（波长色散）和 X 射线荧光能谱仪（能量色散）。

X 射线荧光光谱仪主要由激发、色散、探测、记录及数据处理等单元组成。激发单元的作用是产生初级 X 射线。它由高压发生器和 X 光管组成。后者功率较大，用水和油同时冷却。色散单元的作用是分出想要波长的 X 射线。它由样品室、狭缝、测角仪、分析晶体等部分组成。通过测角器以 1∶2 速度转动分析晶体和探测器，可在不同的布拉格角位置上测得不同波长的 X 射线而作元素的定性分析。探测器的作用是将 X 射线光子能量转化为电能，常用的有盖格计数管、正比计数管、闪烁计数管、半导体探测器等。记录单元由放大器、脉冲幅度分析器、显示部分组成。通过定标器的脉冲分析信号可以直接输入计算机，进行联机处理而得到被测元素的含量。

X 射线荧光能谱仪没有复杂的分光系统，结构简单，主要由 X 射线发光系统、分光系统、检测和记录系统、操作和控制系统组成。X 射线激发源可用 X 射线发生器，也可用放射性同位素。能量色散用脉冲幅度分析器。探测器和记录等与 X 射线荧光光谱仪相同。

1. 实验参数选择

选择阳极靶的基本要求：尽可能避免靶材产生的特征 X 射线激发样品的荧光辐射，以降低衍射花样的背底，使图样清晰。不同靶材的使用范围见表 26-1。

表 26-1 不同靶材的使用范围

靶的材料	经常使用的条件
Cu	除了黑色金属试样以外的一般无机物、有机物
Co	黑色金属试样

常规物相定性分析常采用每分钟 2°或 4°的扫描速度，在进行点阵参数测定、微量分析或物相定量分析时，常采用每分钟 1/2°或 1/4°的扫描速度。

2. 样品制备

X 射线衍射分析的样品主要有粉末样品、块状样品、薄膜样品、纤维样品等。样品不同，分析目的不同（定性分析或定量分析），则样品制备方法也不同。

（1）粉末样品

X 射线衍射分析的粉末试样必需满足两个条件：晶粒要细小；试样无择优取向（取向排列混乱）。所以，通常将试样研细后使用，可用玛瑙研钵研细。定性分析时粒度应小于 40μm（350 目），定量分析时应将试样研细至 10μm 左右。较方便地确定 10μm 粒度的方法是，用拇指和中指捏住少量粉末，并碾动，两手指间没有颗粒感觉的粒度大致为 10μm。常用的粉末样品架为玻璃试样架，在玻璃板上蚀刻出试样填充区为 20mm×18mm。玻璃样品架主要用于粉末试样较少时（约少于 $500mm^3$）使用。充填时，将试样粉末一点一点地放进试样填充区，重复这种操作，使粉末试样在试样架里均匀分布并用玻璃板压平实，要求试样面与玻璃表面齐平。如果试样的量少到不能充分填满试样填充区，可在玻璃试样架凹槽里先滴一薄层用醋酸戊酯稀释的火棉胶溶液，然后将粉末试样撒在上面，待干燥后测试。

（2）块状样品

先将块状样品表面研磨抛光，大小不超过 20mm×18mm，然后用橡皮泥将样品粘在铝样品支架上，要求样品表面与铝样品支架表面平齐。

（3）微量样品

取微量样品放入玛瑙研钵中将其研细，然后将研细的样品放在单晶硅样品支架上（切割单晶硅样品支架时，使其表面不满足衍射条件），滴数滴无水乙醇使微量样品在单晶硅片上分散均匀，待乙醇完全挥发后即可测试。

（4）玻璃熔片

对于粉末样品、特别是陶瓷工业中的矿石和矿物样品的分析，由于粒度效应和矿物效应的影响，X 射线强度和浓度可能不成正比。此时，在分析之前要将样品制成玻璃体以使其均匀。制成的玻璃体成为玻璃熔片。常用的溶剂是 $Li_2B_4O_7$。

（5）铸模

金属屑等金属粉末样品在分析之前要进行重熔或使其成为块状样品。常用的设备是离心铸模机。在重熔之后，样品按固体金属进行处理和分析。

（6）薄膜样品

如果用普通样品盒分析薄膜样品，比如过滤器或薄膜等，样品以下的支撑板产生的射线 X 射线和荧光 X 射线会穿过样品而被探测。因此，薄膜样品要放在空心铝或钛环上进行分析。

（7）薄膜样品制备

将薄膜样品剪成合适大小，用胶带纸粘在玻璃样品支架上即可。

三、实验仪器

ZXS100e 型 X 射线荧光分析仪，盘式振动研磨机。

四、实验步骤

1. 标准样品

GBW03105a、GBW03106a、GBW03107、GBW03108、GBW07108、GBW07114、GBW07120、GBW07127～GBW07136 共计 17 个国家一级标准物质；CaO 含量范围为 30.02%～55.49%，MgO 含量范围为 0.24%～21.80%。

2. 样品制备

将样品用振动式研磨机研磨碳酸盐样品，称取样品（300 目）4.00g，用低压聚乙烯镶边寸底，在 32MPa 压力下保压 30s 制成外径为 40mm、试样直径为 32mm 的圆片，写上标样置于干燥器中备用。用 GBW07129、GBW07130 两个标样分别制备九个样品。

3. 样品测试

(1) 开机前的准备和检查

将制备好的试样插入衍射仪样品台，盖上顶盖关闭防护罩；开启水龙头，使冷却水流通；X 光管窗口应关闭，管电流管电压表指示应在最小位置；接通总电源。

(2) 开机操作

开启衍射仪总电源，启动循环水泵；待数分钟后，打开计算机 X 射线衍射仪应用软件，设置管电压、管电流至需要值，设置合适的衍射条件及参数，开始样品测试。

(3) 停机操作

测量完毕，关闭 X 射线衍射仪应用软件；取出试样；15min 后关闭循环水泵，关闭水源；关闭衍射仪总电源及线路总电源。

(4) 数据处理

测试完毕后，可将样品测试数据存入磁盘供随时调出处理。原始数据需经过曲线平滑、谱峰寻找等数据处理步骤，最后打印出待分析试样衍射曲线和 d 值、2θ、强度、衍射峰宽等数据供分析鉴定。将标准样品的测试结果进行统计以观察实验的准确性。

五、实验要求

利用 X 射线荧光定性分析和定量分析碳酸盐样品。

六、问题与讨论

1. 简述元素的 X 射线波谱吸收限和 X 射线荧光吸收及增强效应。
2. X 射线荧光定性分析的特点和注意事项是什么？
3. 半定量分析的理论依据是什么？

实验二十七　红外光谱分析聚苯乙烯塑料

一、实验目的

1. 掌握溴化钾压片法制备固体样品的方法。
2. 学习并掌握红外光谱仪的使用方法。

3. 初步学会对红外吸收光谱图的解析。

二、实验原理

红外光谱是一种近代物理分析方法。它是鉴别化合物和物质分子结构的常用手段之一。它主要用于定性分析，也可以对单一组分和多组分混合物中的每一种组分进行定量分析，尤其是对一些较难分离、在紫外可见区找不到明显特征峰的样品可以方便地进行定量分析。红外光谱仪和其他仪器联用更拓宽其应用范畴，例如红外与色谱联用可以进行多组分样品的分离与定性。它与显微红外联用可进行微区和微量样品的分析鉴定。它与热分析仪联用可进行材料的热稳定性研究。与拉曼光谱仪联用可得到红外光谱的若干信息。这些新技术为物质结构的研究提供了更多新的手段。因此红外光谱法广泛地应用于有机化学、高分子化学、无机化学、材料、化工、环境、生物、医药等领域。

红外光是一种波长介于可见光区和微波区之间的电磁波谱。波长在 0.75～1000μm。通常又把这个波段分成三个区域，即近红外区：波长在 0.75～2.5μm（波数在 13300～4000cm^{-1}），又称泛频区；中红外区：波长在 2.5～50μm（波数在 4000～200cm^{-1}），又称振动区中，红外区是研究和应用最多的区域；远红外区：波长在 50～1000μm（波数在 200～10cm^{-1}），又称转动区。

1. 红外光谱基础知识

见表 27-1。

表 27-1 红外光谱分类及功能

近红外光区(0.75～2.5μm)	中红外光区(2.5～25μm) 400～4000cm^{-1}	远红外光区 (25～1000μm)
低能电子跃迁、含氢原子团(如O—H、N—H、C—H)伸缩振动的倍频吸收等产生	分子振动伴随转动，基频振动是红外光谱中吸收最强的振动，所以该区最适于物质的定性和定量分析	气体分子中纯转动跃迁、振动-转动跃迁、液体和固体中重原子的伸缩振动、某些变角振动、骨架振动以及晶体中的晶格振动所引起
研究：稀土，过渡金属离子化合物，并适用于水、醇、某些高分子化合物	大多数有机化合物(基团)分析，无机离子的分析	异构体的研究，金属有机化合物(包括络合物)、氢键、吸附现象的研究

红外区的光谱除用波长λ表征外，更常用波数σ表征。波数是波长的倒数，表示单位厘米波长内所含波的数目。其关系式为：

$$\sigma(cm^{-1})=\frac{10^4}{\lambda(cm)} \quad (27\text{-}1)$$

2. 红外光谱产生的原理

红外光谱是运动着的物质与外界交换能量的表征。其产生的原理是：当连续的红外辐射通过被测物质后，只有那些会发生偶极矩变化的物质才会吸收红外光的能量，引起分子振动能级和转动能级的跃迁，产生分子的振动和转动光谱。

对于多原子分子的各种振动，无论组成分子的原子有多少，分子都由化学键连接而成。每一个化学键又相当于一个双原子分子。这样，多原子就可以解析为很多个双原子组成的分子。所以对于双原子分子的红外吸收频率的研究就十分重要。再说分子的振动可以近似地看做分子中的原子以平衡点为中心，以很小的振幅振动。双原子分子振动的模型可以用经典力学的方法来模拟，我们称其为线性谐振子，把它看做是一个弹簧连接两个小球。这个体系的振动频率取决于弹簧的强度即化学键的强度和两个小球即原子的质量。若振动是在两个连接两个小球的键轴上发生，则可以用经典力学的方法推导出如下计算公式：

$$\nu=\frac{1}{2\pi c}\sqrt{\frac{f}{\mu}} \tag{27-2}$$

其中
$$\mu=\frac{m_1 m_2}{m_1+m_2}$$

式中，ν 为振动频率，cm^{-1}；c 为光速，3×10^{10} cm/s；f 为键力常数，达因/cm；m_1 和 m_2 分别为两小球的质量。

多原子分子虽然可以近似解析成很多个双原子分子，但是双原子分子的振动只发生在连接两个原子的直线上，并且只有一种振动方法。而多原子分子振动则有多种振动方式。假设分子由 n 个原子组成，每个原子在空间都有 3 个自由度，则分子有 $3n$ 个自由度。非线性分子有 3 个自由度是描述分子质心运动，还有 3 个自由度是描述分子绕三个轴的转动。这 6 个自由度对线性分子的基本振动无贡献。因此非线性分子有（$3n-6$）个基本振动。线性分子由于绕着原子连线轴的转动惯量等于零，因而它只有两个转动自由度，再加上描述分子质心的 3 个平动自由度，这 5 个自由度对振动无贡献，因而线性分子有（$3n-5$）种基本振动。尽管多原子分子的振动是非常复杂的，但都可以归结为两类振动，即伸缩振动和弯曲振动。伸缩振动又分为对称伸缩系统和反对称伸缩系统。弯曲振动分为面内弯曲振动和面外弯曲振动。伸缩振动是指化学键长度瞬时改变的振动，弯曲振动则是在不改变键长的情况下，发生了键角的变化。通常键长的改变比键角的改变需要更大的能量。因此伸缩振动通常出现在高波数区，弯曲振动出现在低波数区。

下面以水分子的振动为例加以说明。

水分子是非线形分子，振动自由度：$3\times3-6=3$ 个振动形式，分别为不对称伸缩振动、对称伸缩振动和变形振动。这三种振动皆有偶极矩的变化，具有红外活

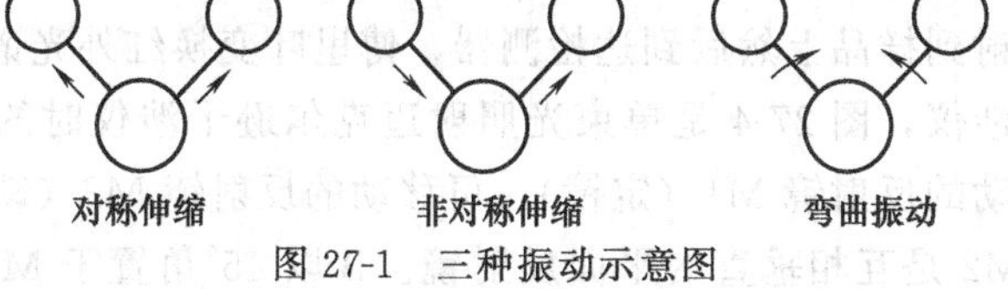

图 27-1 三种振动示意图

性。如图 27-1 所示。

3. 傅里叶红外光谱仪（FTIR）的构造及工作原理

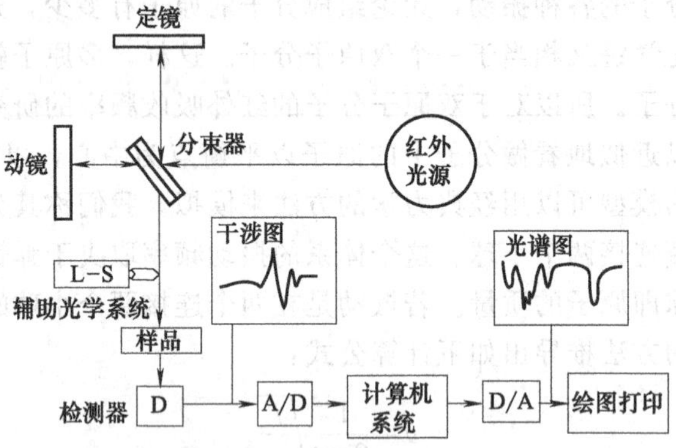

图 27-2 傅里叶红外光谱仪（FTIR）的构造

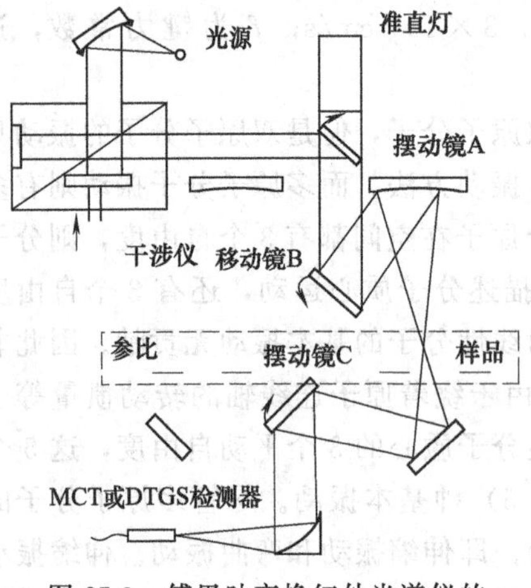

图 27-3 傅里叶变换红外光谱仪的典型光路系统示意

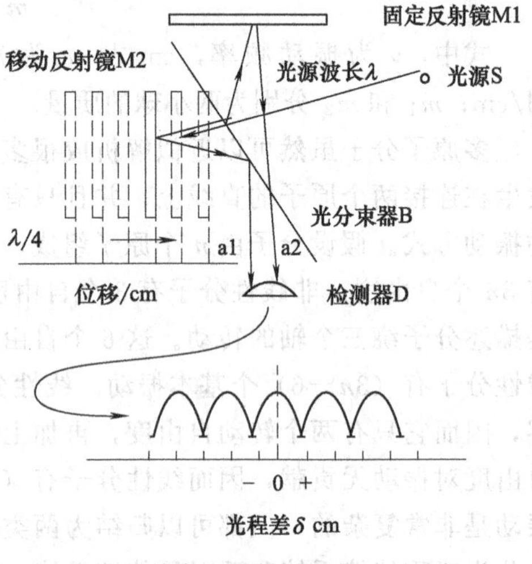

图 27-4 单束光照射迈克尔逊干涉仪时的工作原理示意图

图 27-2 是傅里叶红外光谱仪（FTIR）的构造。图 27-3 是傅里叶变换红外光谱仪的典型光路系统，来自红外光源的辐射，经过凹面反射镜使成平行光后进入迈克尔逊干涉仪，离开干涉仪的脉动光束投射到一摆动的移动镜 B，使光束交替通过样品池或参比池，再经摆动摆动镜 C（与 B 同步），使光束聚焦到检测器上。

傅里叶变换红外光谱仪无色散元件，没有夹缝，故来自光源的光有足够的能量经过干涉仪后照射到样品上然后到达检测器，傅里叶变换红外光谱仪测量部分的主要核心部件是干涉仪，图 27-4 是单束光照射迈克尔逊干涉仪时的工作原理图，干涉仪是由固定不动的反射镜 M1（定镜）、可移动的反射镜 M2（动镜）及分光束器 B 组成，M1 和 M2 是互相垂直的平面反射镜。B 以 45°角置于 M1 和 M2 之间，B

能将来自光源的光束分成相等的两部分，一半光束经 B 后被反射，另一半光束则透射通过 B。在迈克尔逊干涉仪中，当来自光源的入射光经光分束器分成两束光，经过两反射镜反射后又汇聚在一起，再投射到检测器上，由于动镜的移动，使两束光产生了光程差，当光程差为半波长的偶数倍时，发生相长干涉，产生明线；为半波长的奇数倍时，发生相消干涉，产生暗线；若光程差既不是半波长的偶数倍，也不是奇数倍时，则相干光强度介于前两种情况之间；当动镜连续移动，在检测器上记录的信号余弦变化，每移动四分之一波长的距离，信号则从明到暗周期性地改变一次（图 27-4）。

三、实验仪器和试剂

仪器：红外光谱仪，压片装置（压模、压油机），玛瑙研钵，刮脸刀片。

试剂：材质为聚苯乙烯塑料的小刀等生活用品，标本聚苯乙烯塑料，KBr 粉末（分析纯）。

四、实验步骤

(1) 用刀将实验提供的未知塑料样品刮成碎屑，取少许放入玛瑙研钵中。研细后，加两百倍的 KBr 粉末，继续研磨、混匀。取 200mg 压制 KBr 锭片。标准聚苯乙烯塑料用同样的方法制样。

(2) 分别录制试样和标样的红外光谱图。

注意事项：

① 实验室环境应该保持干燥；

② 确保样品与药品的纯度与干燥度；

③ 在制备样品的时候要迅速，以防止其吸收过多的水分，影响实验结果；

④ 试样放入仪器的时候，动作要迅速，避免当中的空气流动，影响实验的准确性；

⑤ 溴化钾压片的过程中，粉末要在研钵中充分磨细，且于压片机上制得的透明薄片厚度要适当。

五、实验要求

1. 溴化钾压片法制备固体样品。
2. 分析得到的红外吸收光谱图。

六、问题与讨论

1. 简述傅里叶红外光谱仪的基本原理。
2. 简述红外光谱的应用。

3. 聚苯乙烯塑料的红外光谱特征是哪些？

4. 测定聚苯乙烯塑料的红外光谱用什么制样方法？

实验二十八　火焰原子吸收光谱法测定未知样品中的铜

一、实验目的

1. 了解原子吸收光谱仪的原理和构造。
2. 掌握优选测定条件的基本方法。
3. 掌握标准曲线测定元素含量的操作。

二、实验原理

1. 原子吸收光谱的产生

众所周知，任何元素的原子都是由原子核和绕核运动的电子组成，原子核外电子按其能量的高低分层分布而形成不同的能级。因此，一个原子核可以具有多种能级状态。能量最低的能级状态称为基态能级（$E_0=0$），其余能级称为激发态能级，而能最低的激发态则称为第一激发态。正常情况下，原子处于基态，核外电子在各自能量最低的轨道上运动。如果将一定外界能量如光能提供给该基态原子，当外界光能量 E 恰好等于该基态原子中基态和某一较高能级之间的能级差 ΔE 时，该原子将吸收这一特征波长的光，外层电子由基态跃迁到相应的激发态，而产生原子吸收光谱。电子跃迁到较高能级以后处于激发态，但激发态电子是不稳定的，大约经过 10^{-8}s 以后，激发态电子将返回基态或其它较低能级，并将电子跃迁时所吸收的能量以光的形式释放出去，这个过程称原子发射光谱。可见原子吸收光谱过程吸收辐射能量，而原子发射光谱过程则释放辐射能量。核外电子从基态跃迁至第一激发态所吸收的谱线称为共振吸收线，简称共振线。电子从第一激发态返回基态时所发射的谱线称为第一共振发射线。由于基态与第一激发态之间的能级差最小，电子跃迁概率最大，故共振吸收线最易产生。对多数元素来讲，它是所有吸收线中最灵敏的，在原子吸收光谱分析中通常以共振线为吸收线。

2. 原子吸收光谱分析原理

（1）谱线变宽及其原因

原子吸收光谱分析的波长区域在近紫外区。其分析原理是将光源辐射出的待测元素的特征光谱通过样品的蒸气中被待测元素的基态原子吸收后，测定发射光谱被减弱的程度，进而求得样品中待测元素的含量，它符合吸收定律：

$$I_v=I_0e^{(-k_v l)} \tag{28-1}$$

$$\log\frac{I_v}{I_0}=-0.434K_v l=-A \tag{28-2}$$

式中，K_v为一定频率的光吸收系数，K_v不是常数，而是与谱线频率或波长有关；l 为样品池厚度；I_v为透射光强度；I_0为发射光强度；A 为吸光度。

根据吸收定律的表达式，以 $I_{v\text{-}v}$ 和 $K_{v\text{-}v}$ 分别作图得吸收强度与频率的关系及谱线轮廓。可见谱线是有宽度的。谱线的宽度主要有两方面的因素：一类是由原子性质所决定的，例如自然宽度；另一类是外界影响所引起的，例如热变宽、碰撞变宽等。

(2) 基态原子数和总原子数的关系

据热力学原理，当在一定温度下处于热力学平衡时，激发态原子数与基态原子数之比服从 Boltzmann 分配定律：

$$\frac{N_i}{N_0}=\frac{g_i}{g_0}e^{-E_i/kT} \tag{28-3}$$

可见，N_i/N_0的大小主要与“波长”及“温度”有关。也就是说当温度保持不变时，激发能（hv）小或波长长，N_i/N_0则大。但在 AAS 仪器中，波长不超过600nm 即激发能对 N_i/N_0的影响有限。同时随温度增加 N_i/N_0变大，且 N_i/N_0随温度 T 增加而呈指数增加。尽管原子的激发电位和温度 T 使 N_i/N_0值有数量级的变化，但 N_i/N_0值本身都很小。或者说处于激发态的原子数远小于处于基态的原子数。

实际工作中，T 通常小于 3000K、波长小于 600nm，故对大多数元素来说 N_i/N_0均小于1%，可忽略不计。总之，温度对原子吸收分析的影响不大。

3. 仪器构成

AAS 仪器由光源、原子化系统（类似样品容器）、分光系统及检测系统组成，如图 28-1 所示。

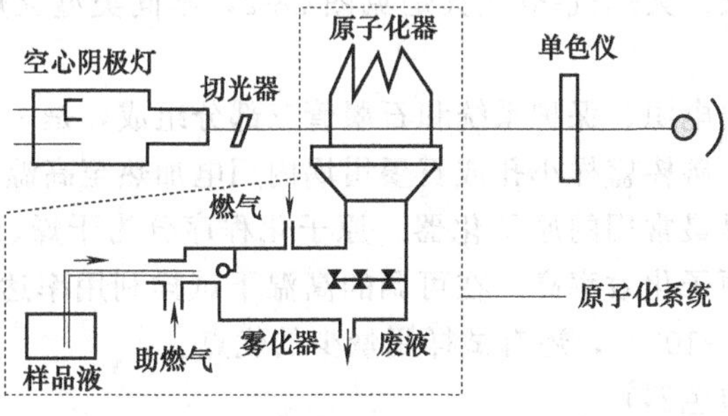

图 28-1 原子吸收仪器结构示意图

(1) 光源

作为光源要求能够发射待测元素的锐线光谱，且有足够的强度、光源产生的背景小、稳定性好。一般采用空心阴极灯作为光源。

(2) 原子化器

原子化器可分为预混合型火焰原子化器、石墨炉原子化炉和氰化物反应器三种类型。火焰原子化器由喷雾器、雾化室、燃烧器、火焰（内焰基态原子作为分析区）四部分组成。其特点是操作简便、重现性好。

① 喷雾器。作用是将试样溶液转为雾状。要求性能稳定、雾粒细而均匀、雾化效率高、适应性高（可用于不同密度、不同黏度、不同表面张力的溶液）。

② 雾化室。雾化室内部装有撞击球和扰流器（去除大雾滴并使气溶胶均匀）。作用是将雾状溶液与各种气体充分混合而形成更细的气溶胶并进入燃烧器。该类雾化器因雾化效率低（进入火焰的溶液量与排出的废液量的比值小），现已少用。目前多用超声波雾化器等新型装置。

③ 燃烧器。产生火焰并使试样蒸发和原子化的装置。有单缝和三缝两种形式，其高度和角度可调（让光通过火焰适宜的部位并有最大吸收）。燃烧器质量主要由燃烧狭缝的性质和质量决定（光程、回火、堵塞、耗气量）。

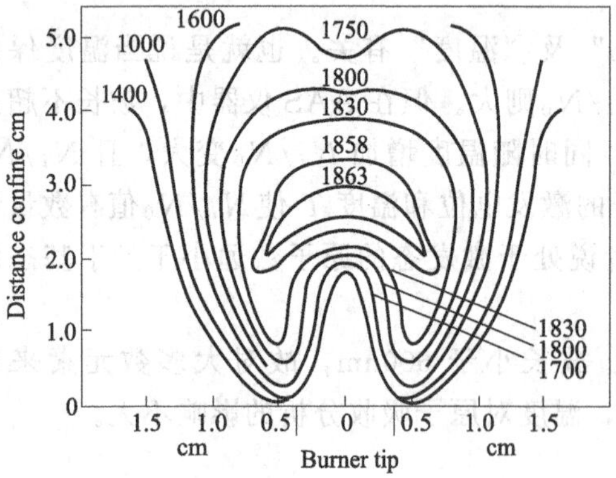

图 28-2　天然气-空气火焰

④ 火焰。火焰分焰心（发射强的分子带和自由基，很少用于分析）、内焰（基态原子最多，为分析区）和外焰（火焰内部生成的氧化物扩散至该区并进入环境）。燃烧速度是指混合气着火点向其它部分的传播速度。当供气速度大于燃烧速度时，火焰稳定。但过大则导致火焰不稳或吹熄火焰，过小则可造成回火。天然气-空气火焰见图 28-2，不同类型火焰及其温度见表 28-1。

石墨炉原子化炉由电源、保护系统和石墨管三部分组成，是一类将试样放置在石墨管壁、石墨平台、碳棒盛样小孔或石墨坩埚内用电加热至高温实现原子化的系统。其中管式石墨炉是最常用的原子化器。原子化程序分为干燥、灰化、原子化、高温净化四个阶段。原子化效率高，在可调的高温下试样利用率达 100%，灵敏度高，其检测限达 $10^{-6}\sim10^{-14}$，还有试样用量少的优点。

(3) 分光系统（单色器）

单色器由出射、入射狭缝、反射镜和色散原件（棱镜或衍射光栅）组成。

单色器的作用在于将空心阴极灯阴极材料的杂质发出的谱线、惰性气体发出的谱线以及分析线的邻近线等与共振吸收线分开。

单色器的性能是指色散率、分辨率和集光本领。

表 28-1 不同类型火焰及其温度

燃气	助燃气	燃烧速度/(cm/s)	温度/℃	特点
C_2H_2	Air	158～266	2100～2500	最常用,稳定、噪声小、重现性好,可测定30多种元素
C_2H_2	O_2	1100～2480	3050～3160	高温火焰,可作为上述火焰的补充,用于其他更难测定原子化的元素
C_2H_2	N_2O	160～285	2600～2990	具有强还原性,可使难分解的氧化物原子化,可测定多达70多种元素
H_2	Air	300～440	2000～2318	较低温氧化火焰,适用于共振线位于短波区元素
H_2	O_2	900～1400	2550～2933	高燃烧速度,但难以控制
H_2	N_2O	～390	～2880	高温,适用于难分解氧化物的原子化
C_3H_6	Air	～82	～2198	低温,适用于易解离的元素,如碱金属和碱土金属

(4) 检测器

原子吸收仪检测系统由检测器（光电倍增管）、放大器、对数转换器和电脑组成。使用光电倍增管可直接得到测定的吸收度信号。

4. 试验技术

(1) 简要操作步骤

① 首先打开工作气体阀门，调节好出口气体压力。

② 打开主机。打开计算机，待仪器自检完毕后，双击 AAS 图标，进入应用软件的开始菜单界面。

③ 选择待测元素，安装相应元素空心阴极灯。载入 cookbook，按照厂家设定好的分析方法进行分析。分别调节光学参数，光源能量使仪器调整待测元素空心阴极灯光源能量在最佳状态。

④ 调节自动进样器各项设置，保证进样器最低点要高于炉中液面一个液滴的距离。

⑤ 测定标样，制作标准曲线。

⑥ 检测样品。通过调节原子化温度可以改善峰形。

⑦ 关机。首先熄灭火焰，再退出 AAS 系统。关闭 AAS 主机电源和计算机电源。关闭工作气体总阀，断开空气压缩机电源。关闭电源总开关。

(2) 分析条件的选择

可以通过选择不同的分析线，改变 Slit 宽度、原子化条件和灯电流以改善测量条件。

① 分析线

通常选共振线为分析线（最灵敏线或且大多为最后线），但不是绝对的。如

Hg185nm 比 Hg254nm 灵敏 50 倍，但前者处于真空紫外区，大气和火焰均对其产生吸收；共振线 Ni232nm 附近 231.98mm 和 232.12nm 的原子线和 231.6nm 的离子线，不能将其分开，可选取 341.48nm 作分析线。此外当待测原子浓度较高时，为避免过度稀释和向试样中引入杂质，可选取次灵敏线。

② Slit 宽度

调节 Slit 宽度，可改变光谱带宽（$\Delta\lambda = S \times D$），也可改变照射在检测器上的光强。一般狭缝宽度选择在通带为 0.4～4.0nm 的范围内，对谱线复杂的元素如 Fe、Co 和 Ni，需在通带相当于 1Å[1] 或更小的狭缝宽度下测定。

③ 灯电流

灯电流过小，光强低且不稳定；灯电流过大，发射线变宽，灵敏度下降，且影响光源寿命。选择原则：在保证光源稳定且有足够光输出时，选用最小灯电流（通常是最大灯电流的 1/2～2/3），最佳灯电流通过实验确定。

④ 原子化条件

原子化条件为（以石墨原子化为例）升温程序的优化。具体温度及时间通过实验确定。

通常操作时，采用 105℃为干燥温度以除去溶剂，主要是水；然后将基体进行灰化处理，尤其是有机质的，即通过实验确定何时基态原子浓度达最大值；最后是净化，就是在短时间（3～5s）内去除试样残留物，温度应高于原子化温度。

（3）测定方法

测定方法有标准曲线法、标准加入法、内标法三种方法。

① 标准曲线法

通过配制一组含有不同浓度被测元素的标准溶液，在与试样测定完全相同的条件下，按浓度由低到高的顺序测定吸光度值，得到吸光度对浓度的校准曲线。

测定试样的吸光度，在校准曲线上用内插法求出被测元素的含量。

② 标准加入法

标准加入法主要是为了克服标样与试样基体不一致所引起的误差（基体效应）。

③ 内标法

内标法具有能够消除气体流量、进样量、火焰湿度、样品雾化率、溶液黏度以及表面张力等的影响的优点，适于双波道和多波道的 AAS。

（4）干扰及其消除

一般有物理干扰、化学干扰、电离干扰和光谱干扰四种。

① 物理干扰

物理干扰一般是自于试样黏度、表面张力的不同使其进入火焰的速度或喷雾效率改变引起的干扰。可通过配制与试样具有相似组成的标准溶液或标准加入法来克服。

---

[1] 1Å=0.1nm。

② 化学干扰

化学干扰是由于 Analytes（Target Species）与共存元素发生化学反应生成难挥发的化合物所引起的，主要影响原子化效率，使待测元素的吸光度降低。可以通过加入释放剂［例如 $SO_4{}^{2-}$、$PO_4{}^{3-}$ 对 Ca^{2+} 的干扰可以通过加入 La（Ⅲ）、Sr（Ⅱ）释放 Ca^{2+}］、加入保护剂（或配合剂）、加入缓冲剂或基体改进剂（例：加入 EDTA 可使 Cd 的原子化温度降低）进行消除。此外还可以通过化学分离即溶剂萃取、离子交换、沉淀分离等进行消除。

③ 电离干扰

电离干扰是由于高温导致原子电离，从而使基态原子数减少、吸光度下降所引起的。可以通过加入消电离剂（主要为碱金属元素化合物），产生大量电子，从而抑制待测原子的电离。如大量 KCl 的加入可抑制 Ca 的电离。

④ 光谱干扰

光谱干扰有四种可能的干扰方式：

a. 谱线重叠干扰

由于光源发射的是锐线，所以谱线重叠干扰较少。一旦发生重叠干扰，则要求仪器可分辨两条波长相差 0.1Å 的谱线。可以通过另选分析线。

b. 非吸收线干扰

非吸收线干扰来自被测元素自身的其它谱线或光源中杂质的谱线。这种干扰可以通过减小狭缝和灯电流或另选分析线来避免。

c. 火焰的直流干扰

是由于火焰的连续背景发射所产生的干扰，可通过光源调制消除。

d. 非火焰背景干扰

非火焰的电热原子化（石墨炉）中产生的背景干扰，通常要比火焰原子化的干扰严重。

最近，采用石墨炉平台技术（Platform Technology）、高新石墨材料、快速测光计和 Zeeman 背景校正等方法可将石墨炉背景干扰降低到和火焰背景干扰相同的水平。

5. 塞曼效应背景校正

Zeeman 效应是指原子蒸气在强磁场作用下，各个电子能级会进一步分裂，即每条谱线进一步分裂的现象。

Zeeman 背景校正是根据磁场将（简并的）谱线分裂成具有不同偏振特性的成分。对单重线而言，分裂成振动方向平行于磁场的 π 线（波长不变）和垂直于磁场的 $\pm\sigma$ 线（波长增加或降低，并呈对称分布），由谱线的磁特性和偏振特性来区别被测元素吸收和背景吸收。

通常可以分为光源调制和吸收线调制，分别表示磁场加在光源上和磁场加在原子化器上的调制方法。其中磁场又可以分为恒定磁场和可变磁场两种。

三、实验仪器与设备

仪器：Z-8000 原子吸收分光光度计；50mL、100mL 容量瓶若干个；1mL、2mL、5mL 吸量管若干个；25mL 烧杯 2 个。

试剂：标准 Cu 储备液（1000μg/mL）、盐酸、去离子水等。

四、实验步骤

（1）标准溶液配制

取 Cu 标准储备液（1000μg/mL）10mL，移入 100mL 容量瓶中，用去离子水稀释至刻度，摇匀，备用，此溶液 Cu 含量为 100μg/mL。

（2）取 100μg/mL 的 Cu 标准溶液 10mL，移入 100mL 容量瓶中，用去离子水稀释至刻度，摇匀，备用，此溶液 Cu 含量为 10μg/mL。

（3）测量溶液的配制

分别吸取 1mL 试样溶液 5 份于 5 个 50mL 容量瓶中，各加入含量为 10μg/mL 的标准溶液 0.00、1.00mL、2.00mL、3.00mL、4.00mL，用去离子水稀释至刻度，摇匀。

（4）实验步骤

① 打开仪器并设定好仪器条件

火焰：乙炔-空气。

乙炔流量：2.3L/min。

空气流量：9.5L/min。

空心阴极灯电流：7.5mA。

狭缝宽度：1.3nm。

燃烧器高度：7.5mm。

吸收线波长：324.8nm。

② 待仪器稳定后，用空白溶剂调零，将配制好的标准溶液由低到高依次测试并读出吸光度数值。

（5）数据处理

以所测溶液的吸光度数值为纵坐标，以测量溶液中加入 Cu 标准溶液的浓度为横坐标，绘制标准曲线，并将标准曲线延长交于横坐标，交点至原点的距离即为测量溶液中 Cu 的浓度。根据稀释倍数即可求出未知样品中 Cu 的含量，并计算标准偏差。

五、实验要求

绘制标准曲线，并计算出未知样品中 Cu 的含量。

六、问题与讨论

1. 简述原子吸收光谱法的原理。
2. 简述影响原子吸收检测的干扰因素。

实验二十九 火焰原子吸收光谱法测定污水中的铜和铅

一、实验目的

掌握原子吸收分析的原理和该技术在测定环境水中重金属的分析应用，进一步熟悉仪器的操作技术。

二、实验原理

原子吸收光谱分析是根据光源发射出待测元素的锐线光谱通过样品原子蒸汽时，被样品蒸汽中待测元素的基态原子所吸收。在控制合理的分析条件下，吸光度与原子浓度关系服从朗伯-比尔定律。

工业污水中铜和铅是排放标准受控的元素，测定前一般要进行消化预处理，处理方法根据水质污染情况可采用硝酸、硝酸-硫酸或硝酸-高氯酸进行消化。取样量视其含量而定，如果是天然水则需要预富集后才能测定。

三、仪器与试剂

1. 仪器

日立 2-2000 火焰/石墨炉原子吸收分光光度计，铜和铅空心阴极灯，仪器工作参数见表 29-1；容量瓶：50mL 2 个，25mL 7 个；吸量管：2mL 1 支、1mL 1 支。

表 29-1 仪器工作参数

元素	波长/nm	灯电流/mA	狭缝宽/nm	读数延时/s	阻尼/s	火焰性质
Cu	324.8	3	0.2	0	2	贫燃焰 Δ
Pb	283.3	4	0.2	0	2	计量焰＋

注：不同仪器参数会稍有不同；贫燃焰 Δ 为氧化焰；计量焰＋为中性火焰。

2. 试剂

铜、铅标准储备液：1.0mg/mL（由准备室配制）；使用液：Cu50μg/mL，Pb100μg/mL（均加入 3 滴 1＋1 HNO_3酸化）。

四、实验步骤

1. 制作校准曲线

在4个25mL容量瓶中，各加入2滴1+1 HNO_3，按表29-2的量配制混合标准系列溶液，用去离子水稀至刻度，摇匀后按表29-1参数分别对各元素进行测定，把测量的吸光度与对应的浓度作图，绘制铜、铅的校准曲线。或者利用仪器浓度直读操作程序，自动绘制校准曲线。

表29-2 标准系列溶液浓度及配制方法

元素	使用液浓度/(μg/mL)	加入使用液体积/mL			
Cu	50.0	0.00	0.20	0.40	0.60
		0.80	1.20	1.40	1.60
Pb	100	0.00	0.50	1.00	1.50
		2.00	4.00	6.00	8.00

2. 水样预处理及测定

量取50mL已酸化（pH≤2）保存的水样于高型烧杯中，加入5mL 1+1 HNO_3在电炉上加热至微沸并蒸发到约20mL，如果溶液清亮，盖上表面皿加热回流几分钟，取出冷却至室温，转移至25mL容量瓶中，用二次水稀释至刻度，摇匀，按表29-1的条件进行测定，将测得的数据查校准曲线，计算其含量（用μg/mL表示）；若用浓度直读，则读出结果转换成原样品含量，请注意水样浓缩或稀释体积。

注意，如果水样消化不清亮或有悬浮物，需要用硝酸反复消化至清亮为止，最后用砂芯过滤器过滤后再测量。

五、数据处理

1. 制作Cu、Pb的校准曲线（若自动打印出标准曲线，请记录相关系数）。
2. 利用校准曲线计算出污水中Cu、Pb的含量。
3. 若用“标准曲线”自动读出浓度，请换算回原样品的浓度。

六、问题与讨论

1. 雾化器的提升量和雾化效率为什么会影响分析方法的灵敏度？
2. 调节燃烧器的位置应达到什么目的？
3. 富燃性火焰适合于哪些元素分析？举例说明，并解释原因。
4. 原子吸收定量分析时为什么要采用标准溶液浓度校准？
5. 污水中重金属分析为什么要进行消化处理？

实验三十 拉曼光谱定性分析

一、实验目的

1. 了解拉曼光谱的原理及特点、拉曼光谱仪的结构。

2. 了解拉曼光谱仪的构造和基本操作方法。

3. 测定方解石的拉曼光谱，并查阅标准拉曼光谱，完成定性分析。

二、实验仪器

拉曼光谱作为一种光和物质的相互作用虽然在20世纪20年代就被预言，而后又被实验室所证实，但是直到20世纪70年代随着激光器的问世才成为一种实用的、商业化的光谱仪器。而国内则在20世纪80年代改革开放后，才逐步认识和推广这种较新的光谱手段。

常规拉曼光谱仪主要由以下五个部分组成：

(1) 光源：单色光源，通常是激光器。

(2) 样品光路：作用是将激光聚焦在样品上并收集散射光。

(3) 光谱仪：滤除频率没有改变的瑞利散射，并把散射光按不同的波长分开。

(4) 探测器：光电倍增器或光电二极管阵列探测器。

(5) 控制和数据处理。

三、实验原理

1. 分子的振动

由 N 个原子组成的分子具有 $3N$ 个自由度。由于分子质心有3个平移自由度，非线性分子有3个转动自由度，因此其余 $3N-6$ 个自由度是描述分子中的原子振动的。分子内原子的振动很复杂，但是总可以根据运动的分解和叠加原理把分子的振动分解为 $3N-6$ 种独立的振动，称为“简正振动”。可以用“简正坐标”描述简正振动，$3N-6$ 中简正振动的简正坐标为 (q_1，q_2，…，q_i，…，q_{3N-6})。每个简正坐标都以它对应的简正频率振动着，

$$q_i = Q_i \cos(\omega_i t + \varphi_1), i = 1, 2, \cdots, 3N-6 \tag{30-1}$$

四氯化碳的分子式为 CCl_4，平衡时它的分子式是一正四面体结构，碳原子处于正四面体的中央。四个氯原子处于四个不相邻的顶角上，如图30-1所示，中间的 A 原子即为碳原子。它共有九个振动自由度，一个任意的振动可以分解成九种简正振动。

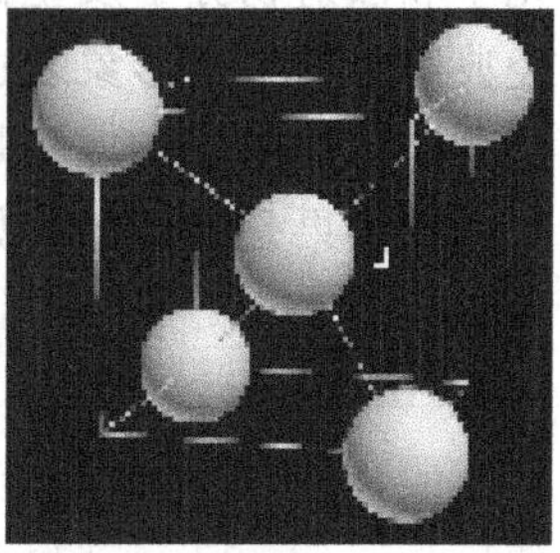

图30-1　四氯化碳分子结构

(1) 四个Cl原子沿各自与C的连线同时向内或向外运动（呼吸式），振动频率相当于波数 $V=458/\text{cm}^{-1}$（为了叙述方便，记为振动模式1）。

(2) 四个Cl原子沿垂直于各自与C原子连线的方向运动并且保持重心不变，又分两种，在一种中，两个Cl在它们与C形成的平面内运动；在另一种中，两个Cl垂直于上述平面而运动，由于两种情形中力常数相同，振动频率是简并的，相当于波数 $V=218/\text{cm}^{-1}$

(记为振动模式 2)。

(3) C 原子平行于正方体的一边运动，四个 Cl 原子同时平行于改变反向运动，分子重心保持不变，频率相当于波数 $V=776/\mathrm{cm}^{-1}$，为三重简并（记为振动模式 3)。

(4) 两个 Cl 沿立方体一面的对角线作伸缩运动，另两个在对面做位相向反的运动，频率相当于波数 $V=314/\mathrm{cm}^{-1}$，也是三重简并（记为振动模式 4)。

2. 拉曼散射的经典模型

对于振幅矢量为$\vec{E}_0$、角频率为 ω_0 的入射光，分子受到该入射光电场作用时，将感应产生电偶极矩 $\vec{P}$，一级近似下$\vec{P}=\overset{\leftrightarrow}{A}\vec{E}$，$\overset{\leftrightarrow}{A}$是一个二阶张量（两个箭头表示张量)，称为极化率张量，是简正坐标的函数。对于不同频率的简正坐标，分子的极化率将发生不同的变化，光的拉曼散射就是由于分子的极化率的变化引起的。根据泰勒定理将 A 在平衡位置展开，可得

$$\vec{P}=\overset{\leftrightarrow}{A}_0\,\vec{E}_0\cos\omega_0 t+\frac{1}{2}\sum_{k=1}^{3N-6}\left(\frac{\partial \overset{\leftrightarrow}{A}}{\partial q_k}\right)_0 Q_k\cos[(\omega_0\pm\omega_k)t\pm\varphi_k]\vec{E}_0$$

$$+\frac{1}{2}\sum_{k=1}\left(\frac{\partial^2 \overset{\leftrightarrow}{A}}{\partial q_k\,\partial q_t}\right)Q_kQ_l\{\cdots\}\vec{E}_0+\cdots \tag{30-2}$$

由式 (30-2) 可以发现，$\overset{\leftrightarrow}{A}_0\,\vec{E}_0\cos\omega_0 t$ 表明将产生与入射光频率 ω_0 相同的散射光，称之为瑞利散射光。$\cos[(\omega_0\pm\omega_k)t\pm\varphi_k]$ 表明，散射光中还存在频率与入射光不同、大小为 $\omega_0\pm\omega_k$ 的光辐射，即拉曼散射光。且拉曼散射光一共可以有对称的 $3N-6$ 种频率，但产生与否取决于极化率张量各分量对简正坐标的偏微商是否全为零。

3. 半经典理论解释拉曼散射

频率为 ω_0 的单色光，可以看做是具有能量$\bar{h}\omega_0$ 的光子，而光的散射是由于入射光子和散射物分子发生碰撞后，改变传播方向而形成的。图 30-2 是光散射机制半经典解释的一个形象表述，图中 E_i、E_j 表示分子的两个振动能级，虚线表示的不是分子可能的状态，只是用以表示入射光子和散射光子的能量。

碰撞如果是弹性的，如图 30-2 (a) 所示，则二者不交换能量，光子只改变运动方向，而频率和能量都没有改变，这就是瑞利散射。而发生非弹性碰撞时，如图 30-2 (b) 所示，光子和物质分子交换能量，可以看成是入射光子的湮灭和另一个不同能量散射光子的产生，与此同时，分子能量状态发生了跃迁，导致拉曼散

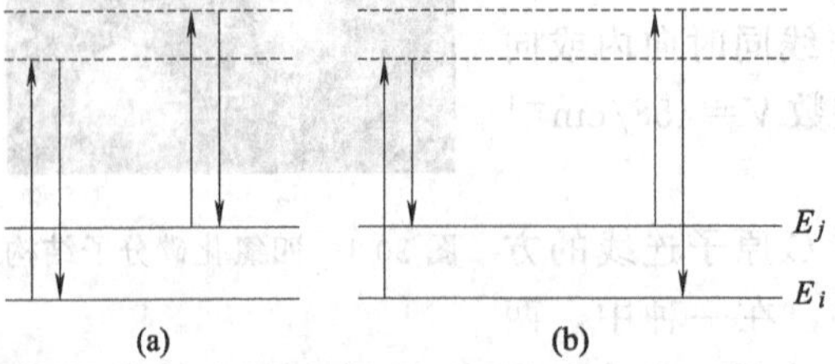

图 30-2 光散射机制半经典解释示意图

射光产生。当初态能级 E_i 低于末态能级 E_j 时产生斯托克斯拉曼散射，出射光子频率为 $\omega_0-\omega_{ij}$；而初态能级 E_j 高于末态能级 E_i 时产生反斯托克斯拉曼散射，出射光子频率为 $\omega_0+\omega_{ij}$。根据统计分布规律，较高能级上的分子数低于低能级上的分子数，所以拉曼散射中，反斯托克斯线比斯托克斯线强度要小。

4. 拉曼光谱分析法的优点和缺点

优点：拉曼光谱对样品制备无任何特殊要求，气、液、固体都可以进行测量，而且对样品数量要求不多，适合进行微量和痕量样品分析；拉曼散射以光子作为探针，对样品是无损检测，适合分析稀有或珍贵样品；水和玻璃都是弱的拉曼散射体，对绝大多数物质的拉曼散射信息几乎不产生干扰，因此，可以很方便地测水溶液的拉曼光谱，可以将样品置于玻璃制成的容器内。拉曼光谱实验的常规观测范围覆盖了拉曼光谱的远红外和中红外波段，一次实验就能得到相当于从中红外到远红外的光谱信息，避免了因波段范围转换时需要重新调整仪器的不便。

缺点：部分样品在激光照射下会产生很强的荧光，往往拉曼光谱测试很困难，甚至难以得到有用的光谱图。另外，聚焦的光束具有很强的光强量，对某些样品可能产生光化学反应而破坏样品。

5. 实验装置（图 30-3）

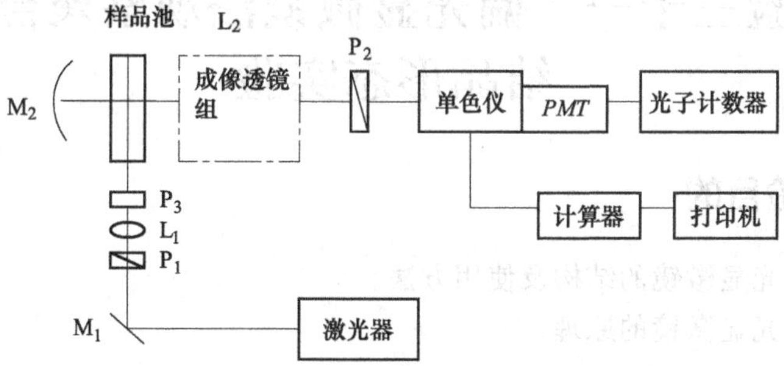

图 30-3 实验装置示意图

M_1—平面反射镜；M_2—凹面反射镜；P_1、P_2—偏振片；P_3—半波片；

L_1—聚光透镜；L_2—成像透镜组

实验中使用半导体激光器泵浦的 Nd^{3+}：YVO_4 晶体并倍频后得到的波长为 532nm 激光。样品是液态 CCl_4 分子，装在样品池中。光经透镜聚焦在样品池中心，成像透镜组对光进行收集。然后单色仪收集散射光，再使用光电倍增管和光子计数器放大和收集拉曼散射信号。

四、实验步骤

1. 开机

开机顺序为：稳压电源、光谱仪、计算机、氩离子激光器电源。

2. 打开 Wire2.0 软件，选择 Reference all Motors，开激光器。

3. 以单晶硅为样品，50 倍物镜，静态取谱，了解拉曼光谱仪的正确操作过程，并由特征的 520cm^{-1}峰的强度，评价仪器的状态。

4. 用钥匙取少量待测样品放于载玻片上聚焦，根据样品情况选择适当激光功率，采用 5 倍物镜，连续取谱。

5. 对所得拉曼谱进行标峰等后续打印处理。

6. 关机，顺序与开机相反，但要特别注意的是：所有实验完成后要先关激光器，但不能关闭其电源，需等风扇停止转动后才能关闭激光器电源。

五、实验要求

测定方解石样品的拉曼光谱，并查阅标准拉曼光谱，完成定性分析。

六、问题与讨论

1. 简述拉曼光谱应用特点。
2. 简述影响拉曼光谱测试的因素。

实验三十一　偏光显微镜法观察聚合物结晶形态实验

一、实验目的

1. 了解偏光显微镜的结构及使用方法。
2. 了解偏光显微镜的原理。

二、实验原理

聚合物的各种性能是由其结构在不同条件下所决定的。研究聚合物晶体结构形态主要方法有电子显微镜、偏光显微镜和小角光散射法等。其中偏光显微镜法是目前实验室中较为简便而实用的方法。

根据聚合物晶态结构模型可知：球晶的基本结构单元是具有折叠链结构的片晶（晶片厚度在 100Å 左右）。许多这样的晶片从一个中心（晶核）向四面八方生长，发展成为一个球状聚集体。电子衍射实验证明了在球晶中分子链（c 轴）总是垂直于球晶的半径方向，而 b 轴总是沿着球晶半径的方向（参考图 31-1 和图 31-2）。

在正交偏光显微镜下，球晶呈现特有的黑十字消光图案，这是球晶的双折射现象。分子链的取向排列使球晶在光学性质上具有各向异性，即在不同的方向上有不同的折光率。当在正交偏光显微镜下观察时，分子链取向与起偏器或检偏器的偏振面相平行就产生消光现象。有时，晶片会周期性地扭转，从一个中心向四周生长

(如聚乙烯的球晶)，结果在偏光显微镜中就会观察到一系列消光同心圆环。

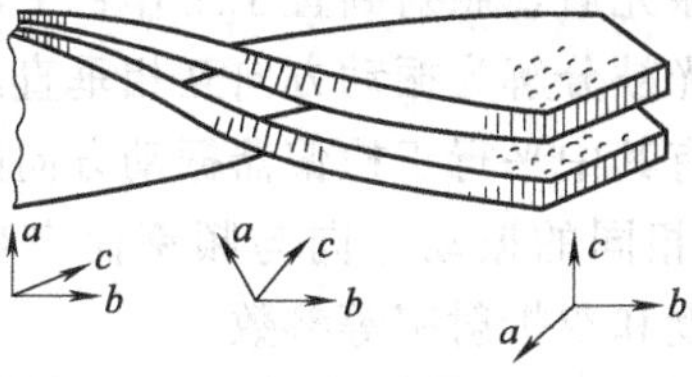

图 31-1　片晶的排列与分子链的取向

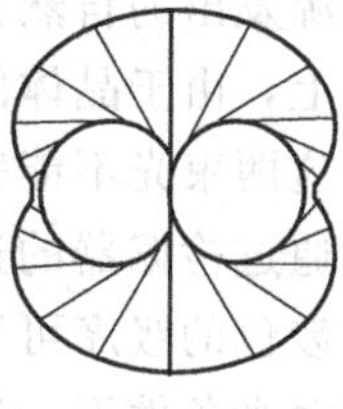

图 31-2　球晶形状

1. 偏振光与自然光

光波是电磁波，因而是横波。它的传播方向与振动方向垂直。如果定义由光的传播方向和振动方向所组成的平面叫振动面，那么对于自然光，它的振动方向虽然永远垂直于光的传播方向，但振动面却时时刻刻在改变。在任一瞬间，振动方向在垂直于光的传播方向的平面内可以取所有可能的方向，没有一个方向占优势，见图 31-3，箭头代表振动方向，传播方向垂直于纸面。

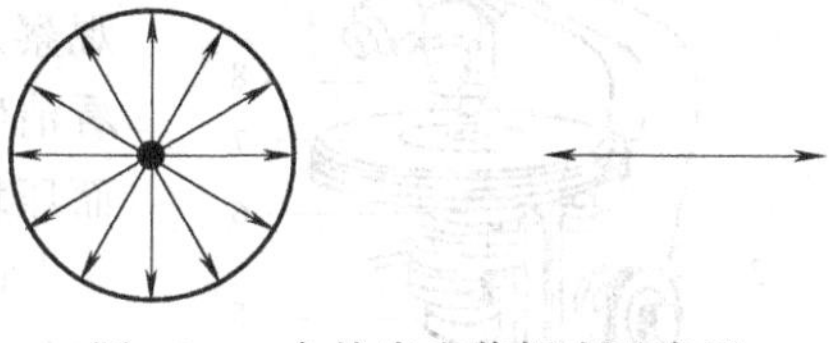

图 31-3　自然光和偏振光示意图

太阳光及一般的光源发出的光都是自然光。自然光在通过尼科耳棱镜或人造偏振片以后，光线的振动被限制在某一个方向，这样的光叫做线偏振光或平面偏振光。

2. 起偏器与检偏器

能够将自然光变成线偏振光的仪器叫作起偏振器，简称起偏器。通常用得较多的是尼科耳棱镜和人造偏振片。

尼科耳棱镜是用方解石晶体按一定的工艺制成的，当自然光以一定角度入射时，由于晶体的双折射效应，入射光被分成振动方向互相垂直的两条线偏振光——e 光和 o 光，其中 o 光被全反射掉了，而 e 光射出。

人造偏振片是利用某些有机化合物(如碘化硫酸奎宁)晶体的二向色性制成的。把这种晶体的粉末沉淀在硝酸纤维薄膜上，用电磁方法使晶体 c 轴指向一致，排成极细的晶线，只有振动方向平行于晶线的光才能通过，而成为线偏振光。

起偏器既能够用来使自然光变成线偏振光，反过来，它又能被用来检查线偏振光，这时，它被称为检偏器或分析器。例如两个串联放着的尼科耳棱镜，靠近光源的一个是起偏器，另一个便是检偏器。当它们的振动方向平行时，透过的光强最大；而当它们的振动方向垂直时，透过的光强最弱。这种情况，我们称为“正交偏振”。

3. 偏光显微镜

偏光显微镜是利用光的偏振特性对晶体、矿物、纤维等有双折射的物质进行观察研究的仪器。它的成像原理与生物显微镜相似，不同之处是在光路中加入两组偏振器(起偏器和检偏器)以及用于观察物镜后焦面产生干涉象的勃氏透镜组。仪器结构参考图 31-4。

由光源发出的自然光经起偏器变为线偏振光后，照射到置于工作台上的聚合物晶体样品上，由于晶体的双折射效应，这束光被分解为振动方向互相垂直的两束线偏振光。这两束光不能完全通过检偏器，只有其中平行于检偏器振动方向的分量才能通过。通过检偏器的这两束光的分量具有相同的振动方向与频率而产生干涉效应。由干涉色的级序可以测定晶体薄片的厚度和双折射率等参数。

在偏振光条件下，还可以观察晶体的形态，测定晶粒大小和研究晶体的多色性等。

仪器的使用与操作，详见仪器使用说明书。

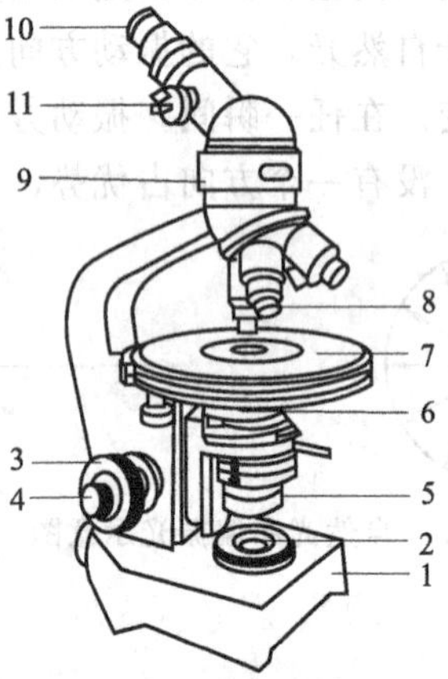

图 31-4　偏光显微镜结构示意图

1—仪器底座；2—视场光阑（内照明灯泡）；3—粗动调焦手轮；4—微动调焦手轮；5—起偏器；6—聚光镜；7—旋转工作台（载舞台）；8—物镜；9—检偏器；10—目镜；11—勃氏镜调节手轮

注意事项：

① 在使用偏光显微镜过程中，必须注意的是，要旋转微动手轮，使手轮处于中间位置，再转动粗调手轮，将镜筒下降使物镜靠近试样（从侧面观察），然后在观察试样的同时再慢慢上升镜筒至看清物体的像为止，这样可避免物镜与试样碰撞而压坏试样和损坏镜头。

② 培养球晶时，样品应尽可能压得薄一点，以便观察得更清楚。

三、实验仪器和试样

1. 仪器：偏光显微镜及附件、载玻片、盖玻片、电炉和油浴锅。

2. 试样：聚丙烯（颗粒状），工业级。

四、实验步骤

1. 制备样品

(1) 将少许聚丙烯树脂颗粒料放在已于 260℃电炉上恒温的载玻片上，待树脂熔融后，加上盖玻片，加压成膜。保温 2min，然后迅速放入 140～150℃甘油浴中，结晶 2h 后取出。

(2) 将少量聚乙烯粒料用以上同样的方法——熔融加压法制得薄膜，然后切断电炉电源，使样品缓慢冷却到室温。

2. 熟悉偏光显微镜的结构及使用方法（参阅本实验的附录及仪器说明书）。

3. 显微镜目镜分度尺的标定

将带有分度尺的目镜插入镜筒内，把载物台显微尺放在载物台上，调节到二尺基线重合。载物台显微尺长 1.00mm，等分为 100 格，所以每格为 0.01mm。在显微镜内观察，若目镜分度尺 50 格正好与显微尺 10 格相等，则目镜分度尺每格相当

于 $0.01\times10/50=2\times10^{-3}$mm。在进行测量时只要读出被测物体所对应的格数，就能知道实物的大小。

4. 将制备好的样品放在载物台上，在正交偏振条件下观察球晶形态，估算球晶的半径。

五、实验要求

1. 掌握偏振显微镜的使用方法。
2. 观察聚合物结晶的形态，估算其大小。

六、问题与讨论

1. 观察聚丙烯在不同温度下结晶所形成的球晶的形态，讨论结晶温度的控制对球晶大小的影响。
2. 讨论结晶与聚合物制品性质之间的关系。

实验三十二 碳钢及铸铁的显微组织及分析实验

一、实验目的

1. 学习了解碳钢及生铁接近平衡状态的显微组织，进一步熟练样品制备及金相显微镜使用的技术。
2. 了解灰口铸铁、磨口铸铁、可锻铸铁和球墨铸铁的显微组织特征。

二、实验原理

1. 铸铁的石墨化

铸铁组织中石墨的形成叫做“石墨化”过程。

在铁碳合金中，碳可能以两种形式存在，即化合状态的渗碳体（Fe_3C）和游离状态的石墨（常用 G 表示），石墨的晶格形式为简单六方，如图 32-1 所示。其面间距较大，结合力弱，故其结晶形态常易发展成为片状，且强度、塑性和韧性极低，接近于零。

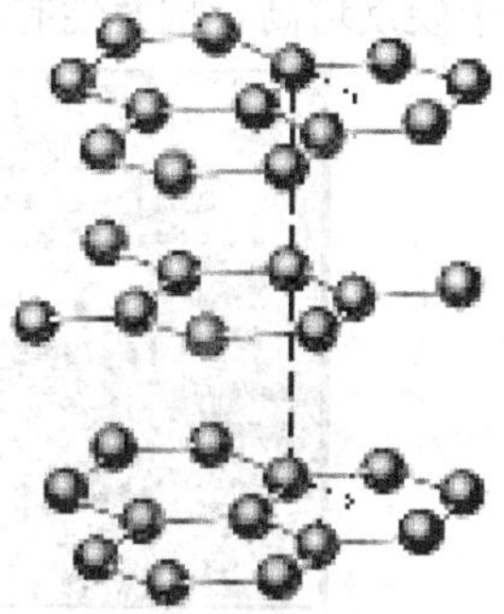
图 32-1 石墨晶体结构

在铁碳合金中，在高温下进行长时间加热时，其中的渗碳体便会分解为铁和石墨。可见，碳呈化和态存在的渗碳体并不是一种稳定的相，它不过是一种亚稳定的状态。而碳呈现游离状态存在的石墨则是一种稳定的相。

如果全部按照Fe-C相图进行结晶（图 32-2），则铸铁（含碳量 2.5%～4.0%）的石墨化过程可分为三个阶段。

第一阶段：即在 1154℃时通过共晶反应而形成石墨：$L_{C'} \rightarrow A_{E'} + G$

第二阶段：即在 1154～738℃范围内冷却过程中，自奥氏体中不断析出二次石墨 G_{II}。

第三阶段：即在 738℃时通过共晶反应而形成石墨：$A_{S'} \rightarrow A_{P'} + G$

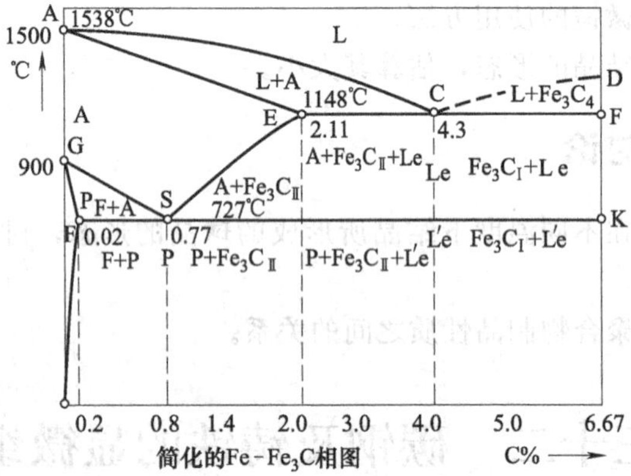

图 32-2　铁碳合金相图

2. 各类铸铁的性能及显微组织分析

(1) 白口铸铁

白口铸铁（图 32-3）其中碳除少量溶于铁素体外，绝大部分以渗碳体的形式存在于铸铁中。白口铸铁的特点是硬而脆，很难加工。为了提高白口铸铁的韧性及耐磨性，常加入一些合金元素如铬、钼、镍、钒、硼和稀土等。在实际生产中，可利用白口铸铁硬度高的特点，制造一些高耐磨性的零件和工具。另外还可铸成具有一定深度的白口表面层，而心部则为灰口组织的“冷硬铸铁件”。普通白口铸铁的化学成分一般为：2.8%～3.6%C，0.5%～1.3%Si，0.4%～0.9%Mn，这样成分的白口铸铁被认为是白口铸铁发展中的第一代。1928 年研制成功的镍硬铸铁，是白口铸铁发展中的第二代：由于镍铬合金化的作用，得到马氏体基体和大约 50%游离渗碳体的组织，由于硬度增高，抗磨性有很大的改善，但这种铸铁仍呈现其固有的脆性。

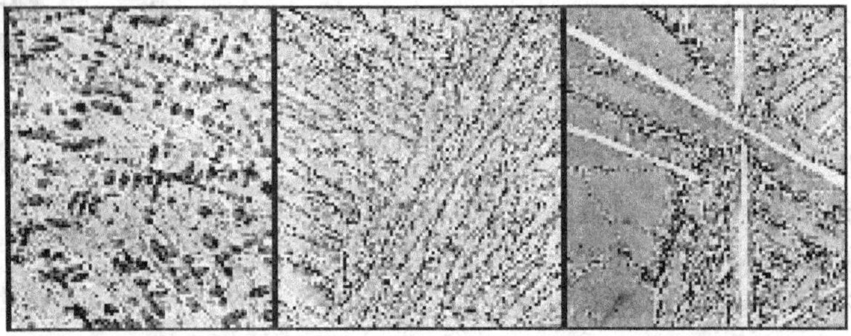

图 32-3　不同基体组织白口铸铁金相显微镜图

（2）灰口铸铁

灰口铸铁的组织特点是具有片状的石墨，其基体组织则分为三种类型：铁素体、珠光体及铁素体＋珠光体，如图 32-4 所示。

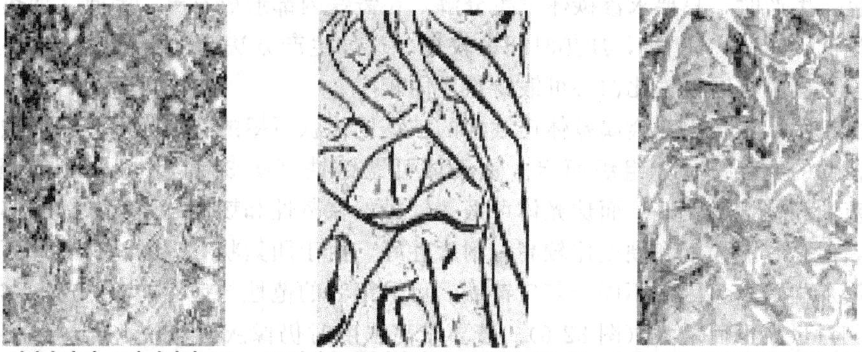

图 32-4　三种不同基体组织的灰口铸铁金相显微镜

灰口铸铁的化学成分主要是 C、Si、Mn、S、P 等。灰口铸铁内的基体组织主要有三种，即铁素体（F）、铁素体＋珠光体（F＋P）和珠光体（P），它在显微镜下的结构如图 32-4 所示。从组织可以看出活口铸铁中的碳大部或全部以片状石墨形式存在，这些结构相当于钢基体上加上片状石墨。

灰口铸铁中片状石墨的存在相当于基体中许多小的裂纹。而石墨与钢的基体相比，其力学性能几乎可以看作为“0”，这就意味着石墨的存在不仅破坏基体的连续性，减少基体受力的有效面积，而且很容易在石墨片的尖端形成应力集中，使材料形成脆性断裂，所以灰铸铁的抗拉强度、塑性和韧性比钢低得多。石墨虽然降低了铸铁的力学性能，但使铸铁获得了许多钢没有的优良性能。主要有以下几点：良好的切削加工性，良好的铸造性能，良好的减磨性，较低的缺口敏感性。

影响灰口铸铁组织和性能的因素主要有铸铁成分和冷却速度。

（3）可锻铸铁

可锻铸铁又称展性铸铁，是一种强度和韧性都较高的铸铁，由白口铸铁经石墨化退火后制成，其中碳以团絮状石墨形式存在。可锻铸铁分白心可锻铸铁和黑心可锻铸铁两种。

制造白心可锻铸铁时，将铸成的白口铸件放置到退火箱中围以氧化介质，密封后放在炉内加热退火。加热的目的在于使铸铁中的碳扩散到铸件表面，借碳在铸件表面的氧化将铸铁中的碳大部分脱除，使得铸件的组织和含碳量与钢相近，其断口呈白色。生产时，为使铸铁中大部分碳脱除，需要在退火时加热到较高的温度（980～1050℃），同时保温时间要相当长（3～5 天），因而这种生产方法只适用于薄件。

制造黑心可锻铸铁时，将铸成的白口铸铁置于箱中围以中性介质，密封后放在炉内加热退火。退火的目的在于使铸件中的渗碳体发生分解、形成团絮状石墨。这种可锻铸件，在折断后，断口的心部呈暗黑色，断口的边缘因那里的碳被脱除而呈灰白色。生产时，只要求渗碳体发生分解，在铸铁内部形成石墨。因此，加热温度可以稍低（870～950℃），加热时间也较短。这种生产方法适用于壁厚较大一点的铸件。且黑心可锻铸铁比白心可锻铸铁应用较广。

由于团絮状石墨对金属基体连续性的破坏比片状石墨的轻，因而可锻铸铁的强度和范性的配合视基体组织而定。铁素体可锻铸铁（图 32-5）的强度虽然不高，但是范性和韧性比较好。而珠光体可锻铸铁虽然在范性和韧性方面不如铁素体可锻铸铁，但是它的强度和硬度比较高，耐磨性好。由于团絮状石墨的缺口效应不像片状石墨那样严重，因此不同于灰口铸铁。可锻铸铁的范性与韧性能够随着基体中珠光体相对量减少而增大（图 32-6）。若要求高强度时仍像灰口铸铁那样尽量使基体成为珠光体，而在主要要求高范性和韧性时，尽量使基体成铁素体。

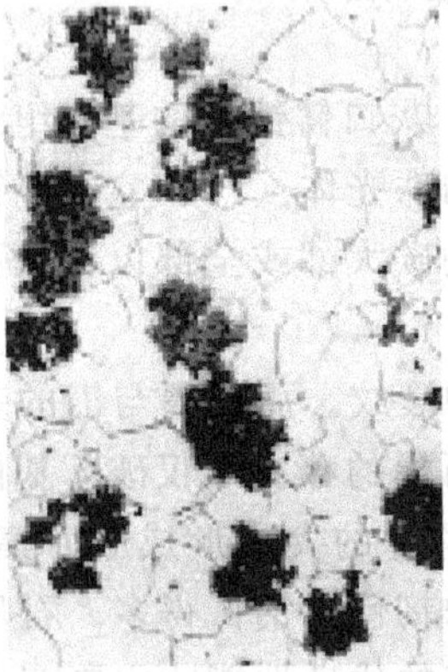

图 32-5　铁素体基可锻铸铁

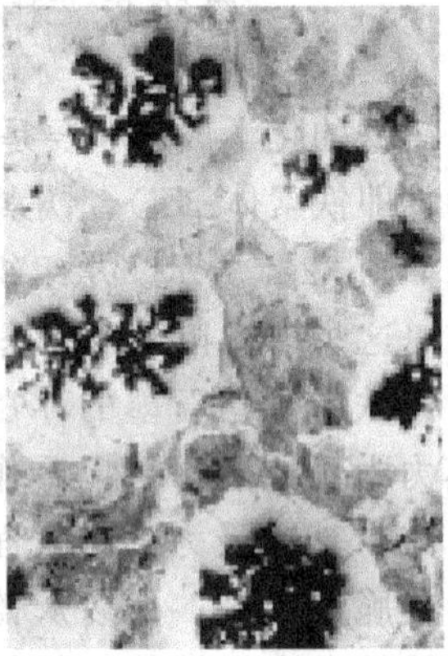

图 32-6　铁素体＋珠光体基可锻铸铁

（4）球墨铸铁

球墨铸铁的石墨呈球状，使其具有很高的强度，又有良好的塑性和韧性。其综合机械性能接近于钢，因其铸造性能好，成本低廉，生产方便，在工业中得到了广泛的应用。

球墨铸铁中应用最广泛的是铁素体球墨铸铁和珠光体球墨铸铁，其显微组织如图 32-7 所示。

球墨铸铁在浇铸前向铁水中加入一定量的球化剂（如镁、钙或稀土元素等）进行球化处理，并加入少量孕育剂（硅铁或硅钙合金），以促进石墨化，在浇铸后即可直接获得具有石墨结晶的铸铁，即球墨铸铁。

球墨铸铁不仅具有远远超过灰口铸铁的机械性能，而且同样也具有灰口铸铁的一系列优点，如良好的铸造性、减震性、切削加工性及低的缺口敏感性等；甚至在某些性能方面与可锻钢媲美，如疲劳强度大致与中碳钢相近，耐磨性优于表面淬火

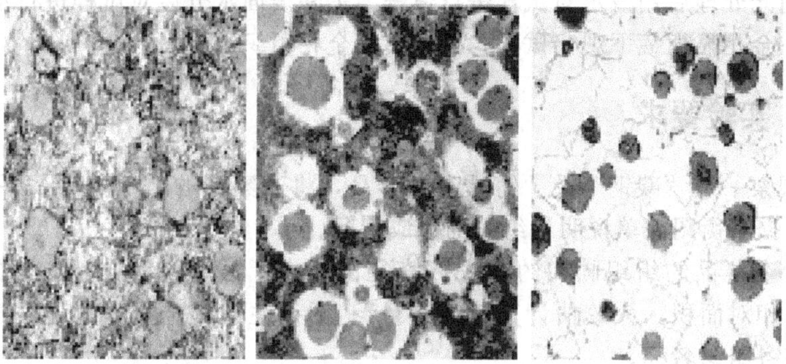

[illegible]

图 32-7　三种不同基体组织的灰口铸铁金相显微镜图

钢等。

3. 碳钢

(1) 亚共析钢

亚共析钢是含碳量为 0.15%～0.80% 的铁碳合金，由铁碳平衡图可知，在退火状态时，亚共析钢的组织中有铁素体和珠光体，含碳量为 0.8% 时，珠光体量为 100%，根据组织中的铁素体珠光体的比例，可以近似地确定钢的成分含量，用硝酸酒精作腐蚀剂时，亮色的为铁素体，黑色的为珠光体。

(2) 共析钢

含碳 0.8% 的钢为共析钢，其退火状态的组织完全是珠光体，放大倍数不大时是暗黑色，在较大放大倍数下可以看到铁素体和渗碳体的片层。

(3) 过共析钢

含碳量 0.8%～1.7% 的钢称为过共析钢，退火状态的过共析钢，其显微组织是珠光体和渗碳体，沿晶粒间界析出的渗碳体，用硝酸酒精作腐蚀剂时渗碳体显白色亮色。

三、实验设备和材料

1. 实验设备：预磨机，抛光机，金相显微镜。

2. 实验材料：碳钢及铸铁样品五个。

四、实验步骤

1. 按照金相样品制备的尺寸要求切取待观察的样品。

2. 对取好的样品进行粗磨、细磨处理。在磨制过程中要注意对试样不断冷却，每换一次砂纸，对样品磨制方向转换九十度。

3. 对磨制后的样品进行抛光处理。

4. 抛光处理后用清水对试样进行清洗，去除表面水分后对试样进行浸蚀处理。

5. 在金相显微镜下观察试样，并绘出其金相组织结构。

五、实验要求

1. 观察一组“碳钢”及“铸铁”的样品，将观察到的组织与碳铁平衡图联系起来，根据平衡图简单说明各组织的形成情况。

2. 将各样品的组织画在约 50mm 直径的圆内，对于碳钢样品，根据铁素体、珠光体的相对面积，大致估计其“含碳量”。图下注明其金相显微镜的放大倍数、浸蚀剂和各组织名称。

六、问题与讨论

1. 铸铁中的石墨组织形状对材料的性能有何影响？

2. 简述铸铁的石墨化过程。

实验三十三　紫外-可见吸收光谱分析实验

一、实验目的

1. 掌握紫外-可见光谱仪的使用。

2. 掌握紫外-可见吸收光谱的原理。

3. 掌握紫外-可见光谱的定性分析方法及定量分析方法。

二、实验原理

紫外-可见分光光度法是利用某些物质分子能够吸收 200～800nm 光谱区的辐射来进行分析测定的方法。这种分子吸收光谱源于价电子或分子轨道上电子的电子能级间跃迁，广泛用于无机和有机物质的定量测定，辅助定性分析（如配合 IR）。

1. 分子吸收光谱的产生

在分子中，除了电子相对于原子核的运动外，还有核间相对位移引起的振动和转动。这三种运动能量都是量子化的，并对应有一定能级。当用频率为 ω 的电磁波照射分子，而该分子的较高能级与较低能级之差 ΔE 恰好等于该电磁波的能量 $h\omega$ 时，即有：

$$\Delta E = h\omega \text{（}h\text{ 为普朗克常数）} \tag{33-1}$$

用一连续电磁光照射时，在微观上出现分子由较低能级跃迁到较高的能级，在宏观上则透射光的强度变小。

电磁波照射分子，将照射前后光强度的变化转变为电信号，并记录下来，然后以波长（λ）为横坐标，以电信号（吸光度 A）为纵坐标，就可以得到一张光强度变化对波长的关系曲线图，即紫外吸收光谱图，从曲线图中可以看出不同波长对应的吸光度，找出吸收样品对应的最大吸收波长。待测样品浓度与吸光度 A 满足 Lambert-Beer 定律，其数学表达式如式 33-1。

$$\lg\left(\frac{I_0}{I_t}\right)=abc=A \tag{33-2}$$

式中，I_0为入射光强度；I_t为透射光强度；A 称为吸光度（Absorbance）、吸收度或光密度（OD，Optical Density）；a 称为吸收系数（Absorptivity），是化合物分子的特性，它与浓度（c）和光透过介质的厚度（b）无关；当 c 为物质的量浓度，b 以厘米为单位时，a 即以 ε 来表示，称为摩尔吸光系数（molar absorptivity）。

按 Lambert-Beer 定律可进行定量测定。测量时盛溶液的吸收池厚度为 b，若浓度 c 已知，测得吸光度 A 即可计算出 ε 值，后者为化合物的物理常数。若已知 ε 值，则由测得的吸光度 A 可计算溶液的浓度。

由上述可见，当测定一个化合物的吸收光谱时，被吸收光的波长 λ 和摩尔吸光系数 ε 的两个重要的参数，前者表示吸收能量的大小，后者反映能级跃迁的几率，属于化合物的特性。

2. 分子吸收光谱类型

分子的转动能级差一般在 0.005～0.05eV。能级跃迁需吸收波长约为 250～25m 的远红外光，因此，形成的光谱称为转动光谱或远红外光谱。

分子的振动能级差一般在 0.05～1eV，需吸收波长约为 25～1.25μm 的红外光才能产生跃迁。在分子振动时同时有分子的转动运动，称为振-转光谱，就是前面所述的红外光谱。

电子的跃迁能级差约为 1～20eV，比分子振动能级差要大几十倍，所吸收光的波长约为 1.25～0.06μm，主要在真空紫外光区到可见光区，对应形成的光谱称为电子光谱或紫外-可见吸收光谱。

通常分子是处在基态振动能级上，当用紫外、可见光照射分子时，电子可以从基态激发到激发态的任一电子能级上。因此，电子能级跃迁产生的吸收光谱，包括了大量谱线，并由于这些谱线的重叠而成为连续的吸收带，这就是为什么分子的紫外-可见光谱不是线状光谱，而是带状光谱的原因。

3. 紫外-可见分光光度法

由于氧、氮、二氧化碳、水等在真空紫外区（60～200nm）均有吸收，因此在测定这一范围的光谱时，必须将光学系统抽成真空，然后充以一些惰性气体，如氦、氖、氩等。鉴于真空紫外吸收光谱的研究需要昂贵的真空紫外分光光度计，故在实际应用中受到一定的限制。我们通常所说的紫外-可见分光光度法，实际上是指近似非真空紫外、可见分光光度法（200～800nm）。

4. 化合物紫外-可见光谱的产生

在紫外和可见光谱区范围内，有机化合物的吸收带主要由 $\sigma\rightarrow\sigma^*$、$\pi\rightarrow\pi^*$、 n→ σ*、n→ π*及电荷迁移跃迁产生。无机化合物的吸收带主要由电荷迁移和配位场跃迁（即 d-d 跃迁和 f-f 跃迁）产生（图 33-1）。

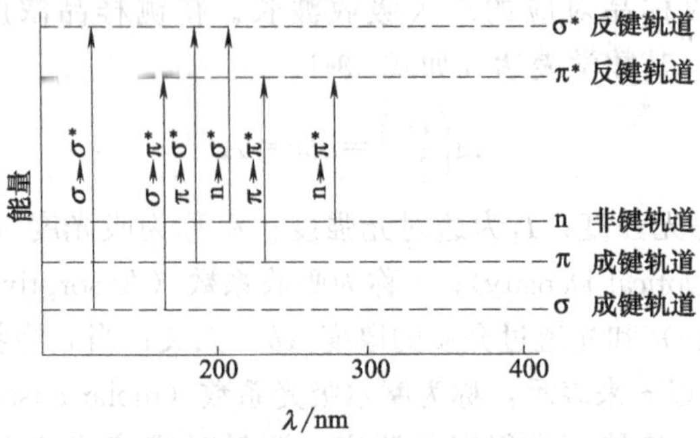

图 33-1 各种电子跃迁相应的吸收峰和能量示意图

σ →σ* 和 n→ σ* 跃迁，吸收波长＜ 200nm（远紫外区）；π→π* 和 n→ π* 跃迁，吸收波长 200～400nm（近紫外区）；紫外-可见分光光度法检主要检测测共轭烯烃、共轭羰基化合物及芳香化合物等。

5. 紫外-可见吸收光谱仪原理及仪器部件

(1) 紫外-可见吸收光谱仪工作原理

图 33-2 是紫外-可见吸收光谱仪的工作原理图。

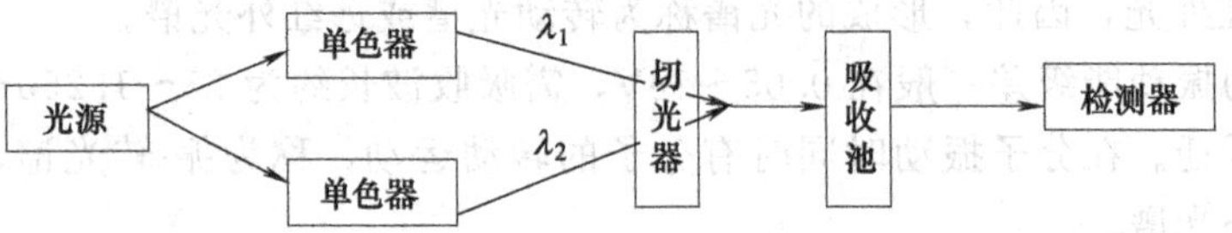

图 33-2 紫外-可见吸收光谱仪工作原理图

(2) 吸收池

吸收池用于盛放分析试样，一般有石英和玻璃材料两种。石英池适用于可见光区及紫外光区，玻璃吸收池只能用于可见光区。为减少光的损失，吸收池的光学面必须完全垂直于光束方向。在高精度的分析测定中（紫外区尤其重要），吸收池要挑选配对。因为吸收池材料的本身吸光特征以及吸收池的光程长度的精度等对分析结果都有影响。紫外光谱仪吸收池恰好安排在光电转换前。

(3) 检测器

检测器的功能是检测信号、测量单色光透过溶液后光强度变化的一种装置。常用的检测器有光电池、光电管和光电倍增管等（表 33-1）。

硒光电池对光的敏感范围为 300～800nm，其中又以 500～600nm 最为灵敏。这种光电池的特点是能产生可直接推动微安表或检流计的光电流，但由于容易出现疲劳效应而只能用于低挡的分光光度计中。

光电管在紫外-可见分光光度计上应用较为广泛。

光电倍增管是检测微弱光最常用的光电元件。灵敏度比一般的光电管要高

200 倍。

表 33-1 不同检测器对应的波长、响应速度及灵敏度

类别	光电池	光电管	光电倍增管
波长/nm	400～750	190～650(蓝敏) 600～1000(红敏)	180～900
响应速度/s	慢	约 10^{-8}	10^{-9}
灵敏度	低	10^5～10^6	10^8～10^9

6. 紫外-可见光谱例图

紫外-可见光谱例图，见图 33-3。

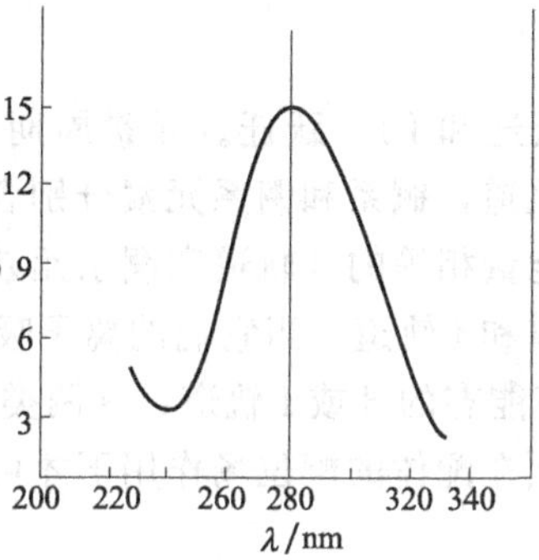

图 33-3 紫外光谱例图

横坐标：波长（nm）；纵坐标：A，K，log，$T\%$；最大吸收波长：λ_{max}；最大吸收峰 ε 值：ε_{max}；例，丙酮：$\lambda_{max}=279$nm（$\varepsilon=15$）。

7. 有机化合物的紫外-可见吸收光谱的类型

（1）价电子跃迁

基态有机化合物的价电子包括成键 σ 电子、成键 π 电子和非键电子（以 n 表示）。分子的空轨道包括反键 σ^* 轨道和反键 π^* 轨道，因此，可能的跃迁为 $\sigma\rightarrow\sigma^*$、$\pi\rightarrow\pi^*$、$n\rightarrow\sigma^*$、$n\rightarrow\pi^*$ 等。下面是几种跃迁的特点。

① $\sigma\rightarrow\sigma^*$ 跃迁

它需要的能量较高，一般发生在真空紫外光区。有机饱和烃中的—c—c—键属于这类跃迁，例如乙烷的最大吸收波长 λ_{max} 为 135nm。

② $n\rightarrow\sigma^*$ 跃迁

实现这类跃迁所需要的能量较高，其吸收光谱落于远紫外光区和近紫外光区，如 CH_3OH 和 CH_3NH_2 的 $n\rightarrow\sigma^*$ 跃迁光谱分别为 183nm 和 213nm。

③ $\pi\rightarrow\pi^*$ 跃迁

它需要的能量低于 $n\rightarrow\sigma^*$ 跃迁，吸收峰一般处于近紫外光区，在 200nm 左右，其特征是摩尔吸光系数大，一般 $\varepsilon_{max}\geqslant10^4$，为强吸收带。如乙烯（蒸气）的最大吸收波长 λ_{max} 为 162nm。

④ n→ π* 跃迁

这类跃迁发生在近紫外光区。它是简单的生色团如羰基（280～310nm）、硝基等中的孤对电子向反键轨道跃迁。其特点是谱带强度弱，摩尔吸光系数小，通常小于 100，属于禁阻跃迁。

⑤ 电荷迁移跃迁

用电磁辐射照射化合物时，电子从给予体向与接受体相联系的轨道上跃迁。因此，电荷迁移跃迁实质是一个内氧化-还原的过程，而相应的吸收光谱称为电荷迁移吸收光谱。

例如，某些取代芳烃可产生这种分子内电荷迁移跃迁吸收带。谱带较宽，吸收强度较大，ε_{max}可大于 10^4。

（2）配位场跃迁

配位场跃迁包括 d-d 跃迁和 f-f 跃迁。元素周期表中第四、五周期的过渡金属元素分别含有 3d 和 4d 轨道，镧系和锕系元素分别含有 4f 和 5f 轨道。在配体的存在下，过渡元素的五个能量相等的 d 轨道和镧系元素七个能量相等 f 轨道分别分裂成几组能量不等的 d 轨道和 f 轨道。当它们的离子吸收光能后，低能态的 d 电子或 f 电子可以分别跃迁至高能态的 d 或 f 轨道，这两类跃迁分别称为 d-d 跃迁和 f-f 跃迁。由于这两类跃迁必须在配体的配位场作用下才可能发生，因此又称为配位场跃迁。

8. 常用术语

（1）生色团

从广义来说，所谓生色团，是指分子中可以吸收光子而产生电子跃迁的原子基团。但是，人们通常将能吸收紫外、可见光的原子团或结构系统定义为生色团。

表 33-2 为某些常见生色团的吸收光谱。测试时注意溶剂是否吸收。

表 33-2 常见生色团的吸收光谱

生色团	溶剂	波长 λ/nm	ε_{max}	跃迁类型
烯类	正庚烷	177	13000	π→π*
炔类	正庚烷	178	10000	π→π*
羧基	乙醇	208	41	n→ π*
酰胺基	水	214	60	n→ π*
羰基	正己烷	186	1000	n→ π*，n→ σ*
偶氮基	乙醇	339,665	150000	n→ π*
硝基	异辛酯	280	22	n→ π*
亚硝基	乙醚	300,665	100	n→ π*
硝酸酯	二氧杂环己烷	270	2	n→ π*

（2）助色团

助色团是指带有非键电子对（n）的基团，如—OH、—OR、—NHR、

—SH、—Cl、—Br、—I 等，它们本身不能吸收大于 200nm 的光，但是当它们与生色团相连时，会使生色团的吸收峰向长波方向移动，并且增加其吸光度。

(3) 红移与蓝移（紫移）

某些有机化合物经取代反应引入含有未共享电子对的基团（—OH、—OR、$—NH_2$、—SH 、—Cl、—Br、—SR、$—NR_2$）之后，吸收峰的波长将向长波方向移动，这种效应称为红移效应。这种会使某化合物的最大吸收波长向长波方向移动的基团称为向红基团。

在某些生色团如羰基的碳原子一端引入一些取代基之后，吸收峰的波长会向短波方向移动，这种效应称为蓝移（紫移）效应。这些会使某化合物的最大吸收波长向短波方向移动的基团（如$—CH_2$、$—CH_2CH_3$、$—OCOCH_3$）称为向蓝（紫）基团。

9. 有机化合物紫外-可见光谱的吸收峰

(1) 饱和烃及其取代衍生物

饱和烃类分子中只含有 σ 键，因此只能产生 $\sigma\rightarrow\sigma^*$ 跃迁，即电子从成键轨道（σ）跃迁到反键轨道（σ^*）。饱和烃的最大吸收峰一般小于 150nm，已超出紫外-可见分光光度计的测量范围。

(2) 卤代烃

饱和烃的取代衍生物如卤代烃，其卤素原子上存在 n 电子，可产生 $n\rightarrow\sigma^*$ 的跃迁。$n\rightarrow\sigma^*$ 的能量低于 $\sigma\rightarrow\sigma^*$。例如，$CH_3Cl$、$CH_3Br$ 和 CH_3I 的 $n\rightarrow\sigma^*$ 跃迁分别出现在 173nm、204nm 和 258nm 处。这些数据不仅说明氯、溴和碘原子引入甲烷后，其相应的吸收波长发生了红移，显示了助色团的助色作用。

直接用烷烃和卤代烃的紫外吸收光谱分析这些化合物的实用价值不大，但是它们是测定紫外和（或）可见吸收光谱的良好溶剂。

(3) 不饱和烃及共轭烯烃

在不饱和烃类分子中，除含有 σ 键外，还含有 π 键，它们可以产生 $\sigma\rightarrow\sigma^*$ 和 $\pi\rightarrow\pi^*$ 两种跃迁。$\pi\rightarrow\pi^*$ 跃迁的能量小于 $\sigma\rightarrow\sigma^*$ 跃迁。例如，在乙烯分子中，$\pi\rightarrow\pi^*$ 跃迁最大吸收波长为 180nm。

在不饱和烃类分子中，当有两个以上的双键共轭时，随着共轭系统的延长，$\pi\rightarrow\pi^*$ 跃迁的吸收带将明显向长波方向移动，吸收强度也随之增强。在共轭体系中，$\pi\rightarrow\pi^*$ 跃迁产生的吸收带又称为 K 带。

(4) 羰基化合物

羰基化合物是指含有$>C=O$官能团的一类化合物。$>C=O$基团主要可产生 $\pi\rightarrow\pi^*$、$n\rightarrow\sigma^*$、$n\rightarrow\pi^*$ 三个吸收带，$n\rightarrow\pi^*$ 吸收带又称 R 带，落于近紫外或紫外光区。醛、酮、羧酸及羧酸的衍生物，如酯、酰胺等，都含有羰基。由于醛酮这类物质与羧酸及羧酸的衍生物在结构上的差异，因此它们 $n\rightarrow\pi^*$ 吸收带的光区稍有不同。

羧酸及羧酸的衍生物虽然也有 $n\rightarrow\pi^*$ 吸收带，但是，羧酸及羧酸的衍生物的羰基上的碳原子直接连接含有未共用电子对的助色团，如—OH、—Cl、—OR等，由于这些助色团上的n电子与羰基双键的π电子产生n→π*共轭，导致π*轨道的能级有所提高，但这种共轭作用并不能改变n轨道的能级，因此实现n→π*跃迁所需的能量变大，使n→π*吸收带280～310nm蓝移至210nm左右。

(5) 苯及其衍生物

苯有三个吸收带，它们都是由π→π*跃迁引起（K带）。

E_1带出现在180nm（ε_{max}= 60，000）；E_2带出现在204nm（ε_{max}=8000）；B带出现在255nm（ε_{max}= 200）。

在气态或非极性溶剂中，苯及其许多同系物的B谱带有许多的精细结构，这是由于振动跃迁在基态电子上的跃迁上的叠加而引起。在极性溶剂中，这些精细结构消失。

当苯环上有取代基时，苯的三个特征谱带都会发生显著的变化，其中影响较大的是E_2带和B谱带。

(6) 稠环芳烃及杂环化合物

稠环芳烃，如萘、蒽、芘等，均显示苯的三个吸收带，但是与苯本身相比较，这三个吸收带均发生红移，且强度增加。随着苯环数目的增多，吸收波长红移越多，吸收强度也相应增加。当芳环上的—CH基团被氮原子取代后，则相应的氮杂环化合物（如吡啶、喹啉）的吸收光谱，与相应的碳化合物极为相似，即吡啶与苯相似，喹啉与萘相似。

其中B和R吸收带分别为苯环和羰基的吸收带，而苯环和羰基的共轭效应导致产生很强的K吸收带。

10. 常见有机化合物的生色团的紫外吸收峰

表33-3是常见有机化合物的生色团的紫外吸收峰。

表33-3 常见有机化合物的生色团的紫外吸收峰

化合物	生色团	λ_{max}/nm	化合物	生色团	λ_{max}/nm
烷烃	—C—C—	150	共轭烯烃	$(—C=C—)_2$	210～230
烯烃	>C=C<	170		$(—C=C—)_3$	260
炔烃	—C≡C—	170		$(—C=C—)_5$	330
酰	R—C	205	苯		204
醛	R—C	210			255
羧酸	R—C	200～210	萘		220
硝基化合物	$—NO_2$	270～280			275
亚硝基化合物	—NO	220～230			314
偶氮化合物	—N=N—	285～400			

三、实验仪器

紫外-可见光谱仪。

四、实验步骤

1. 软件的启动

启动紫外可见光光度计应用程序，软件将自动进入到自检画面，自检前请先将仪器预热至少十分钟。

2. 基本操作

(1) 设置换灯点

① 在“设置-仪器”菜单栏中可以设置换灯点，建议除特殊测量（如氚灯谱线）外不要更改。

② 开关氚灯和钨灯 如果长时间不用氚灯或钨灯，可以在自检后点击“设置-仪器”菜单下的氚灯或钨灯键将其关闭以节省灯的寿命。但在关闭之后需间隔最少一分钟才能重新开启，并需要预热至少十分钟才能使仪器达到最佳的测量效果。

(2) 光谱扫描

光谱扫描测量方式可用于样品的定性分析，它如实地显示样品的全波长图谱，是化学分析者的常规分析手段。

① 启动光谱扫描功能 点击工具栏上的“光谱”项，再点击“参数”进入参数页面，参数有两种类型：选择型和输入型。

② 参数运行 设置好参数后，将参比和样品分别放入样品池的参比位和样品位，盖好样品室盖。按下“测量”按钮，选择好样品所在样池，便可进行测量。测量中途若需要中断，可单击“停止”按钮。如果参数设置的“参比测量”项中选择了“单次”，则在波长范围和取样间隔都不改变的情况下，下一次测量将直接测量样品；如果选择了“重复”，则每次测量都将会重新测量参比。测试完成后，单击“数据处理”下的图谱处理菜单功能项，即可进行图谱处理。

(3) 光度测量

此测量方法可用于多个波长的定点测量，最大波长点数 10 个。

① 启动光度测量功能 单击工具栏上“光度”按钮，再点“参数”进行参数设置。测试是依次进行，输入时若按波长从大到小排列则可加快测量速度。

② 测试运行 如果选择了“比色皿校正”功能，在测量前必须进行比色皿配对测量。设置好参数后，在参比池和样品池都加入参比溶液，盖好样品室盖，按下“校正”按钮，仪器自动进行校准，校准完成后即可进行正式的样品测量。如果没有按下“比色皿校正”功能，则直接放入参比和样品，单击“测量”按钮进行测量。

(4) 时间测量

用此测量方法可以观察样品随时间的变化情况、计算样品的活性值，还可以用此功能考察仪器的稳定及噪声。

① 启动时间测量功能　单击工具栏上“时间”按钮，选择测量方式：如吸光度（A）或者透过率（$T\%$）并输入显示光度范围、测量时间、测量波长和取样时间。

② 测量运行　测试运行：如果选择了“比色皿校正”功能，在测量前必须进行比色皿配对测量。设置好参数后，在参比池和样品池都加入参比溶液，盖好样品室盖，按下“校正”按钮，仪器自动进行校准，校准完成后即可进行正式的样品测量。如果没有按下“比色皿校正”功能，则直接放入参比和样品，单击“测量”按钮进行测量。

五、实验要求

1. 紫外光谱定性解析程序

(1) 由紫外光谱图找出最大吸收峰对应的波长 λ_{max}，并算出 ε；

(2) 推断该吸收带属何种吸收带及可能的化合物骨架结构类型；

(3) 与同类已知化合物紫外光谱进行比较，或将预定结构计算值与实测值进行比较；

(4) 与标准品进行比较对照或查找文献核对。

根据有机化合物的紫外光谱，可以大致地推断出该化合物的主要生色团及其取代基的种类和位置以及该化合物的共轭体系的数目和位置，这些就是紫外吸收光谱在定性、结构分析中的最重的应用。例如，在 210～250nm 间有吸收峰，ε 较大，说明可能有两个共轭双键。在 260～300nm 间，有吸收峰，ε 较大，可能有 3～5 个共轭双键。在 250～300nm 间有吸收峰，但 ε 较小，且增加溶剂极性会蓝移，说明可能有羰基存在。在 250～300nm 间有吸收峰，中等强度，伴有振动精细结构，说明有苯环存在

对于有机化合物的分析与鉴定，通常采用的方法是与标准的有机化合物的图谱对照。但由于物质的紫外光谱基本上是其分子中的生色团和助色团的特性，具有相同生色团及助色团的化合物的紫外光谱大致上是相同的，因此单根据紫外光谱只能知道是否存在某些基团，不能完全决定其结构，还必须与其它谱学方法结合起来，才能进行结构分析。可是根据共轭效应对紫外光谱的影响很大这一特点，紫外光谱是可以用来进行同分异构体的判别的，这是紫外光谱的一个特点。例如某一化合物具有顺式和反式两种异构体，当该化合物中的生色团与助色团在同一平面上时，由于能产生最大的共轭效应，因而吸收波长就会向长波长方向移动。如果因为在顺式时，由于位阻效应，而使共轭程度降低，则吸收峰会向短波长方向位移。据此，即可判断该化合物的顺反异构。

2. 定量分析方法

紫外光谱的最主要应用是在定量分析上，由于具有π键电子及共轭双键的有机化合物，在紫外区有强烈以吸收，而且ε很大，达到10^4～10^5，所以有很高的检测灵敏度，对于无机化合物来说，也因为电荷转移吸收带不仅谱带宽而且强度大，一般，ε>10000，所以紫外光谱在定量分析上，有着广泛的应用。

单组分定量分析根据Lambert-Beer定律来计算。

（1）单个标样测定法

测定单个标样浓度C_s的吸光度A_s，得测试样品的浓度C_x为：

$$C_x=(A_x \cdot C_s)/A_s \tag{33-3}$$

式中，C_x为测试样品的浓度；A_x为测试样品的吸光度；C_s为标准样品浓度；A_s为标准样品的吸光度。

（2）系列标样测定法

求K的平均值，得测试样品的浓度C_x；或以A_s-C_s作图得工作曲线，由图查A_x对应得到C_x值；或通过拟合线性方程，求出K值，再由A_x求出C_x值。

六、问题与讨论

1. 紫外-可见光谱的影响因素

（1）化学环境

试样的化学环境对谱带的波长位移及强度变化有着重要的影响，其中对谱带位移产生较大影响的主要有酸度和溶剂效应。

① 酸度的影响　由于酸度的变化会使有机化合物的存在形式发生变化，从而导致谱带的位移，例如苯酚，随着pH值的增高，谱带就会红移，吸收峰分别从211nm和270nm位移到236nm和287nm。又如苯胺，随着pH值的降低，谱带会蓝移，吸收峰分别从230nm和280nm处位移到203nm和254nm处。另外酸度的变化还会影响到络合平衡，从而造成有色络合物的组成发生变化，而使得吸收带发生位移，例如Fe（Ⅲ）与磺基水杨酸的络合物，在不同pH值时会形成不同的络合比，从而产生紫红、橙红、黄色等不同颜色的络合物。

② 溶剂效应　紫外吸收光谱中有机化合物的测定往往需要溶剂，而溶剂尤其是极性溶剂，常会对溶质的吸收波长、强度及形状产生较大影响。在极性溶剂中，紫外光谱的精细结构会完全消失，其原因是极性溶剂分子与溶质分子的相互作用，限制了溶质分子的自由转动和振动，从而使振动和转动的精细结构随之消失。

（2）仪器的测试性能

影响紫外及可见吸收谱带的另一主要因素，即是仪器的测试性能。其中最主要的有以下几个方面。

① 仪器的单色性（即仪器的分辨率）　一般要求对于双光束紫外及可见分光光度计在260nm处，仪器应该能够分辨间隔为0.3nm的谱线。分辨率低有时就会使相邻峰无法分开，而给定性或结构分析带来困难。对于定量分析来说，就会产生误差。

② 仪器的波长精度　波长误差会使紫外光谱发生严重位移而导致分析结果错误，因此必须对仪器进行定期的经常校正。

③ 仪器的测光精度　指的是仪器上测得的透光度或吸光度与真实值之间的偏差。精密的紫外光谱仪可以达到 0.001A。

除了上述的主要影响因素外，影响紫外及可见光谱的测量因素还有很多，这里就不一一介绍了。

2. 吸收谱带的四种类型

在有机物和高聚物的紫外光谱谱带分析中，往往将谱带分为四种类型，即 R 吸收带、K 吸收带、B 吸收带和 E 吸收带。

(1) R 吸收带

$—NH_2$、$—NR_2$、—OR 的卤素取代烷烃可产生这类谱带。它是 $n\rightarrow\pi^*$ 跃迁形成的吸收带，由于 ε 很小，吸收谱带较弱，易被强吸收谱带掩盖，并易受溶剂极性的影响发生偏移。

(2) K 吸收带

共轭烯烃、取代芳香化合物可产生这类谱带。它是 $\pi\rightarrow\pi^*$ 跃迁形成的吸收带，$\varepsilon_{max}>10000$，吸收谱带较强。

(3) B 吸收带

B 吸收带是芳香化合物及杂芳香化合物的特征谱带。在这个吸收带有些化合物容易反映出精细结构。溶剂的极性、酸碱性等对精细结构的影响较大。苯和甲苯在环已烷溶液中的 B 吸收带精细结构在 230～270nm。苯酚在非极性溶剂乙醇中则观察不到精细结构。

(4) E 吸收带

它也是芳香族化合物的特征谱带之一。吸收强度大，ε 为 2000～14000，吸收波长偏向紫外的低波长部分，有的在真空紫外区。

由上述可见，不同类型分子结构的紫外吸收谱带种类不同，有的分子可有几种吸收谱带。

第五章 热学性能实验

实验三十四　耐火材料热膨胀系数的测量

一、实验目的

1. 掌握热膨胀系数的概念。
2. 理解顶杆式热膨胀仪的工作原理。
3. 测量一种耐火材料的热膨胀系数。

二、实验原理

热胀冷缩是绝大多数材料的通性，这一属性对材料的加工与应用都有重要影响。在材料研究中，用热膨胀系数来表征材料的热胀冷缩属性，相应的测试仪器必须能够稳定控制材料所处的温度环境，并同时测量材料尺寸或体积的变化。在本实验中，我们将学习如何利用顶杆式热膨胀仪来测量耐火材料的热膨胀系数。实验原理如下。

1. 材料的热膨胀与热膨胀系数

在没有发生相变的情况下，材料的尺寸或体积随温度而升高增大的现象称为热膨胀。材料热膨胀的本质在于材料质点的平均间距随温度升高而加大，在宏观上表现为尺寸或体积的增加。材料的这一属性用热膨胀系数来表征，并有线膨胀系数与体膨胀系数两种具体形式。

就尺寸而言，设材料在 T_0 时长度为 l_0，温度上升 ΔT，长度增加了 Δl，则可定义线膨胀系数 α_l 为：

$$\alpha_l=\frac{\Delta l}{l_0\Delta T} \tag{34-1}$$

$$\Delta l=l_0\alpha_l\Delta T \tag{34-2}$$

可见线膨胀系数的物理含义是材料在温度上升 1 K 时，其长度的相对变化量，

量纲为 K^{-1}或$℃^{-1}$。需要注意的是，固体材料的线膨胀系数 α_l 并不是一个固定的常数，一般情况下，它随温度的升高而加大。因此，材料的热膨胀系数其实是在一定的温度范围内的平均热膨胀系数。对于耐火材料的热膨胀系数，通常指室温至1000℃范围内的平均热膨胀系数。需要知道的是，无机材料的线膨胀系数一般不太高，在 $10^{-5} \sim 10^{-6} K^{-1}$量级。

类似地，就体积而言，设材料在 T_0时体积为 V_0，温度上升ΔT，体积增加了ΔV，则可定义体膨胀系数 α_V 为：

$$\alpha_V = \frac{\Delta V}{V_0 \Delta T} \tag{34-3}$$

可见体膨胀系数的物理含义是材料在温度上升 1K 时，其体积的相对变化量，量纲也为 K^{-1}或$℃^{-1}$。如果材料是各向同性的，将其形状设定为立方体，则可推知线膨胀系数与体膨胀系数的关系：

$$\alpha_V = \frac{\Delta V}{V_0 \Delta T} = \frac{(l_0 + \Delta l)^3 - V_0}{V_0 \Delta T} = \frac{l_0{}^3 \times (1 + \alpha_l \Delta T)^3 - V_0}{V_0 \Delta T} = \frac{(1 + \alpha_l \Delta T)^3 - 1}{\Delta T} \tag{34-4}$$

由于 α_l 很小，可以忽略其高次项，则有：

$$\alpha_V \approx \frac{1 + 3\alpha_l \Delta T - 1}{\Delta T} = 3\alpha_l \tag{34-5}$$

2. 顶杆式热膨胀仪工作原理

热膨胀仪有多种结构形式，但其目的均是测量同一样品在不同温度下的尺寸并获得热膨胀系数。本实验采用的是顶杆式热膨胀仪，其基本结构如图 34-1 所示。

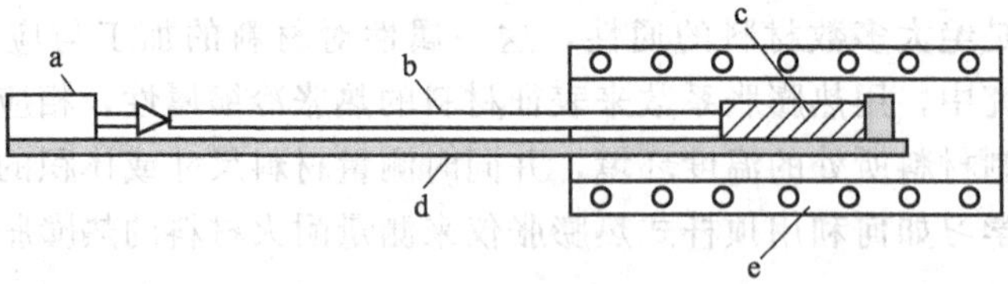

图 34-1　顶杆式热膨胀仪结构示意图

图 34-1 中，a 为直线位移传感器，b 为顶杆，c 为待测样品，d 为样品支撑管，其右端有一固定的挡片，e 为加热电炉。样品在测量过程中一直被夹持于顶杆和样品支撑管挡片之间，而位移传感器测则测量出顶杆左端的位置。当电炉升温时，顶杆、样品及样品支撑管的尺寸均发生变化，其共同作用的结果是位移传感器的测量值发生变化。位移传感器的测量值扣除顶杆与样品支撑管的长度变化值后，即可得到样品的长度变化值。

顶杆式热膨胀仪在测量未知样品前，需要获得顶杆与样品支撑管对位移值的影响值，以便扣除影响。此数值称为校正值 A （T），其值与温度 T 有关。为获得校正值，采用已知长度及线膨胀系数的标准样品（一般是石英或刚玉材质），用热膨胀仪测量所需温度范围内的膨胀位移值，即可得到校正值。获得校正值后，未知样品的膨胀位移值经过校正值修正后，即可计算得到正确的线膨胀系数。相关的计算公式如下：

$$\alpha_T = \frac{(L_T - L_0) + A_T}{L_0 \times (T - T_0)} \tag{34-6}$$

式中，T 为测量过程中的某个温度点；T_0为测量的起始温度（一般为室温）；α_T为在温度 T 与 T_0之间的平均线膨胀系数；L_0为样品在 T_0时对应的位移值；L_T为样品在温度 T 时对应的位移值；A_T为热膨胀仪在温度 T 时的修正值。

三、实验设备和材料

1. 实验设备

实验采用的热膨胀仪为 RPZ15-PL 型立式热膨胀仪，设备外观如图 34-2 所示。该设备由自动控制柜、炉体及升降系统、样品承载与位移测量系统、水循环恒温系统四部分组成。

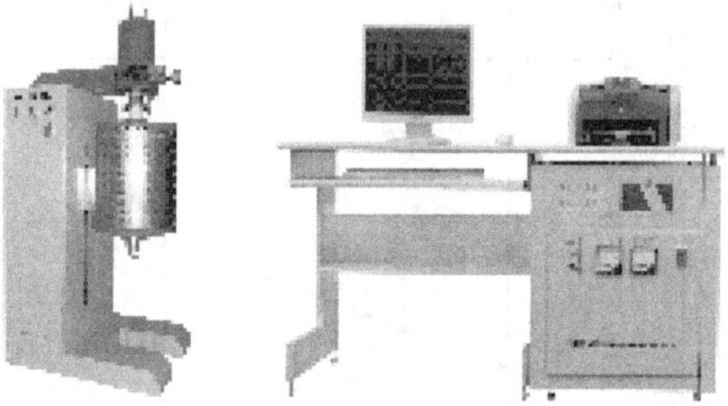

图 34-2 RPZ15-PL 型立式热膨胀仪外观照片

2. 实验材料

刚玉标样，氧化铝保温砖，黏土保温砖，千分尺，游标卡尺，切割机等。

四、实验内容与步骤

1. 校正值的测定

采用刚玉标样，测定所用热膨胀仪在工作范围内的校正值。此部分工作耗时较长，由指导教师提前完成。

2. 样品制备与长度测量

(1) 待测样品切割为 20mm×15mm×15mm 的长方体，长度方向两个端面要求保持平行并与轴向垂直。

(2) 用千分尺或游标卡尺准确测量待测样品的长度并记录。

3. 样品安装与初始位移调整

(1) 将样品竖直安装在样品管上下夹具之间，并与顶杆中心保持在同一条铅垂线上。

(2) 调节保护罩上的微调装置，使位移传感器的初始位移值处于 1500～2000μm之间。

4. 仪器参数设置与热膨胀值的测量

(1) 打开循环水系统开关，保持位移测量系统的温度稳定。

(2) 上升炉体到工作位置，确认炉体底部的排气阀门处于打开状态。

(3) 打开热膨胀仪控制程序，进入控制界面，输入样品名称、样品长度等基本信息。

(4) 设置系统升温程序为 5 ℃/min 升温到 800 ℃。

(5) 参数设置完成后，点击“自动运行”，设备进入测试状态。此时在“打开样位画面”模式下可看到如图 34-3 所示温度位移曲线。

(6) 实验结束，保存数据。待电炉降温到室温，关闭系统。

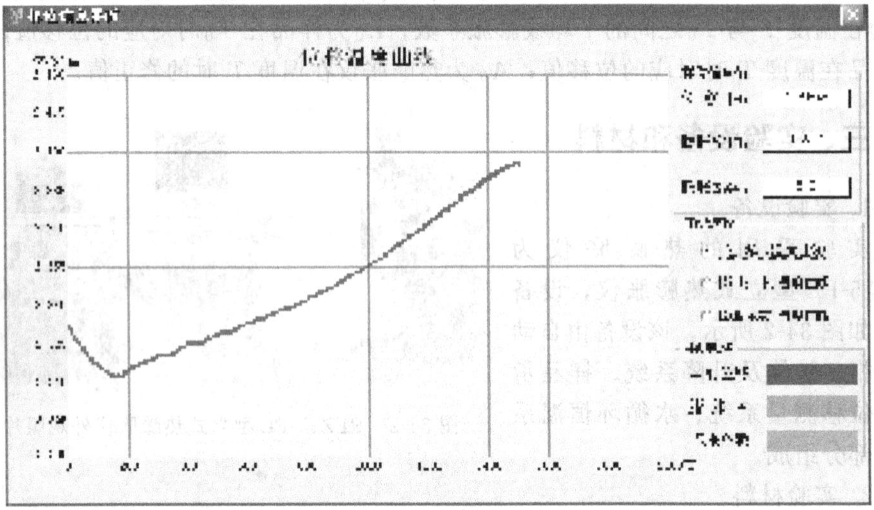

图 34-3　热膨胀仪测量过程中的位移温度曲线示意图

5. 热膨胀系数的分析

(1) 根据样品初始长度、位移值及校正值，计算样品在室温至 800 ℃之间的膨胀量。

(2) 计算样品在测试范围内的平均热膨胀系数。

五、实验报告

1. 简述材料热膨胀系数的概念及顶杆式热膨胀仪工作原理。

2. 将关键数据记入表 34-1 中。

表 34-1　热膨胀系数测量数据记录表

<table>
<tr><td rowspan="5">实验条件</td><td>样品名称</td><td colspan="2"></td></tr>
<tr><td>样品长度/mm</td><td colspan="2"></td></tr>
<tr><td>初始位移/mm</td><td colspan="2"></td></tr>
<tr><td>测试温度范围</td><td colspan="2"></td></tr>
<tr><td>升温速率</td><td colspan="2"></td></tr>
<tr><td>温度/℃</td><td>位移值/mm</td><td>校正值/mm</td><td>实际膨胀量/mm</td></tr>
<tr><td>室温</td><td></td><td></td><td></td></tr>
<tr><td>100</td><td></td><td></td><td></td></tr>
<tr><td>200</td><td></td><td></td><td></td></tr>
<tr><td>300</td><td></td><td></td><td></td></tr>
</table>

续表

温度/℃	位移值/mm	校正值/mm	实际膨胀量/mm
400			
500			
600			
700			
800			

3. 绘制样品的膨胀量与温度的关系曲线。
4. 计算样品在测量范围内的平均热膨胀系数。

六、问题与讨论

1. 材料的热膨胀属性会带来什么实际问题？
2. 顶杆式热膨胀仪测量过程中的升温速率对测量值有何影响？
3. 实验设备的循环水系统有什么作用？

参考文献

[1] 关振铎，张中太，焦金生．无机材料物理性能［M］．北京：清华大学出版社，1992.

[2] 杨新圆，孙建平，张金涛．材料线热膨胀系数测量的近代发展与方法比对介绍［J］．计量技术．2008，7：33-36.

实验三十五 热分析技术

研究物质的物理化学性质与温度之间的关系，或者说研究物质的热态随温度变化的规律，从而形成了一种重要的实验技术，即热分析技术。温度作为一种重要物理量，全面影响物质的物性常数和化学性质。热分析包括物质系统的热转变机理和物理化学变化的热动力学过程的研究。

国际热分析联合会规定的热分析定义为：热分析法是在控制温度下测定一种物质及其加热反应产物的物理性质随温度变化的一组技术。根据所测物理性质的不同，热分析技术有若干分类，主要类别见表 35-1。将热分析技术与其他实验技术联用，发展出热重-傅里叶红外光谱联用仪（TG-FTIR），用于测定样品在程序控温下产生的质量变化及分解过程所生成气体产物的化学成分。

热分析是一类应用范围很广的通用技术，已发展出多种测量仪器。本节只简单介绍 DTA、DSC 和 TG 的基本原理和实验技术。

一、差热分析法

物质在物理或化学变化过程中往往伴随着热效应，即放热或吸热现象反映出物质的焓发生了变化。记录试样温度随时间的变化曲线，可直观地反映出试样是否发生了物理（或化学）变化，这就是经典的热分析法。但这种方法很难显示热效应很小的变化，为此逐步发展形成了差热分析法（Differential Thermal Analysis，DTA）。

表 35-1 热分析技术分类

物理性质	技术名称	简称
质量	热重分析法 导热系数法 逸出气检测法 逸出气分析法	TG DTG EGD EGA
温度	热差分析法	DTA
焓	差示扫描量热法	DSC
尺寸	热膨胀法	TD
机械特性	机械热分析 动态热 机械热	TMA
声学特性	热发声法 热传声法	
光学特性	热光学法	
电学特性	热电学法	
磁学特性	热磁学法	

注：DSC 分类——功率补偿 DSC 和热流 DSC。

1. DTA 的基本原理

DTA 是在程序控制温度下，测量物质与参比物之间的温度差与温度关系的一种技术。DTA 曲线描述试样与参比物之间的温差（ΔT）随温度或时间的变化规律。在 DTA 实验中，试样温度的变化是由于相转变或反应的吸热或放热效应引起的，包括熔化、结晶、结构的转变、升华、蒸发、脱氢反应、断裂或分解反应、氧化或还原反应、晶格结构的破坏和其他化学反应等。一般的，相转变、脱氢还原和一些分解反应产生吸热效应，而结晶、氧化等反应产生放热效应。

DTA 的原理如图 35-1 所示。将试样和参比物分别放入坩埚，将两者置于炉中，并以一定速率 $v=\mathrm{d}T/\mathrm{d}t$ 进行程序升温，以 T_s、T_r，分别表示试样和参比物的温度，设试样和参比物（包括容器、温差电偶等）的热容 C_s、C_r，不随温度而变，则其升温曲线如图 35-2 所示。

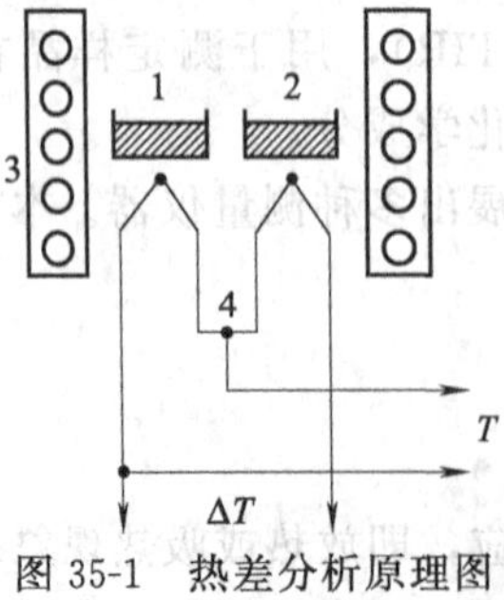

图 35-1 热差分析原理图

1—参比物；2—试样；3—炉体；4—热电偶

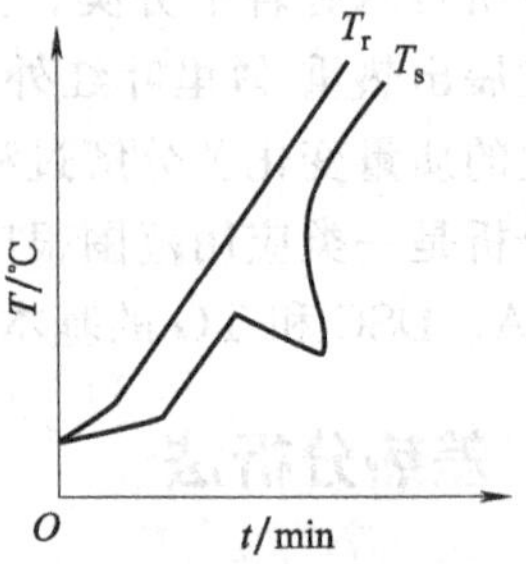

图 35-2 试样和参比物的升温曲线

若以 $\Delta T = T_s - T_r$ 对时间 t 作图，得DTA曲线如图35-3所示。在 o-a 区间，ΔT 基本一致，形成DTA曲线的基线。随着试样的温度升高，试样产生了热效应，则它与参比物之间的温差变大，在DTA曲线中表现为峰。显然，温差越大，峰也越大。试样发生变化的次数多，所形成峰的数目也多，因此各种吸热或放热峰的个数、形状、位置与相应的温度可用于定性地鉴定所研究的物质，而峰面积的大小则与热量变化的多少有关。DTA曲线所包围的面积A与焓变 ΔH 的关系为

$$\Delta H = \frac{KC}{m}\int_{t_1}^{t_2} \Delta T \mathrm{d}t \tag{35-1}$$

式中，m 为反应物的质量；K 为仪器的几何形态常数；C 为试样的热传导率；ΔT 为温差；t 为时间；t_1 和 t_2 分别为DTA曲线的积分限。

式（35-1）是一种最简单的表达式，它是通过比例或近似常数 K 和 C 说明试样反应热与峰面积的关系。在此，忽略了微分项和试样的温度梯度，并假设峰面积与试样的比热无关，故它是一个近似关系式。

2. DTA曲线解析

(1) DTA曲线上特征点温度的确定

如图35-3所示，DTA曲线的起始温度可取下列任一点温度：曲线偏离基线的点为 a；曲线陡峭部分切线与基线延长线的交点为 e（外推始点）。其中 T_a 与仪器的灵敏度有关，灵敏度越高，则 a 点出现得越早，即 T_a 值越低，一般 T_a 的重复性较差；T_p 为曲线的峰值温度。T_e 和 T_p 的重复性较好，其中 T_e 最为接近热力学的平衡温度。

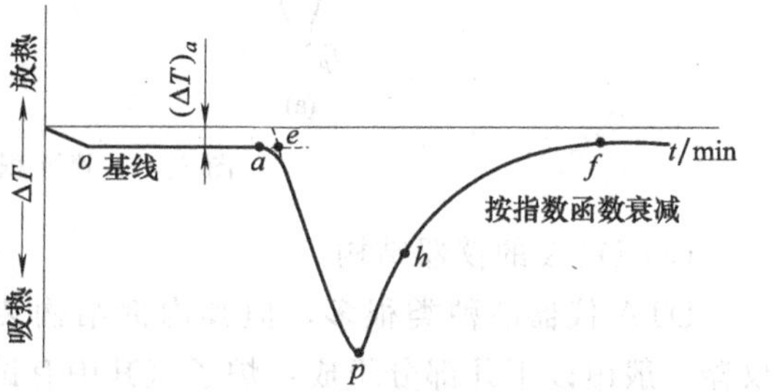

图35-3 DTA吸热转变曲线

从外观上看，曲线回复到基线的温度是 T_f（终止温度），而反应的真正终点温度是瓦。由于整个系统的热惯性，即使反应结束，热量仍有一个散失过程，于是曲线不能立即回到基线位置。T_h 可通过作图方法确定，在 h 点之后 ΔT 即以指数函数降低，故若以［ΔT － （ΔT）$_a$］的对数对时间作图，便可得一直线。当从峰的高温侧的底沿逆向查看这张图时，则偏离直线的那点即表示终点温度 T_h。

(2) DTA峰面积的确定

DTA曲线上峰的面积为试样变化前后基线所包围的面积，其测量方法有以下三种：①使用积分仪，可直接读数或自动记录差热峰的面积；②如果差热峰的对称性好，可作等腰三角形处理，用峰高乘以半峰宽（峰高1/2处的宽度）的方法求面积；③剪纸称量法，若记录纸厚薄均匀，可将差热峰剪下来，在分析天平上称其质量，其数值可以代表峰面积。

对于试样变化前后基线无偏移的情况，只要连接基线就可求得峰面积。然而，对于基线有偏移的情况，则需作进一步处理，一般有以下两种方法：

① 分别作试样变化开始前和变化终止后的基线的延长线，它们离开基线的点分别是 T_a 和 T_f，连接 T_a、T_f 和 T_p 三点，其所构成的区域即为峰面积，此即国际热分析联合会所规定的方法，如图 35-4（a）所示。

② 如图 35-4（b）所示，由基线延长线和通过峰顶 T_p。作垂线，与 DTA 曲线的

两个半侧所构成的两个近似三角形面积 S_1、S_2 之和 $S = S_1 + S_2$ 作为峰面积，此时认为在 S_1 中丢掉的部分与 S_2 中多余部分可以得到一定程度的抵消。

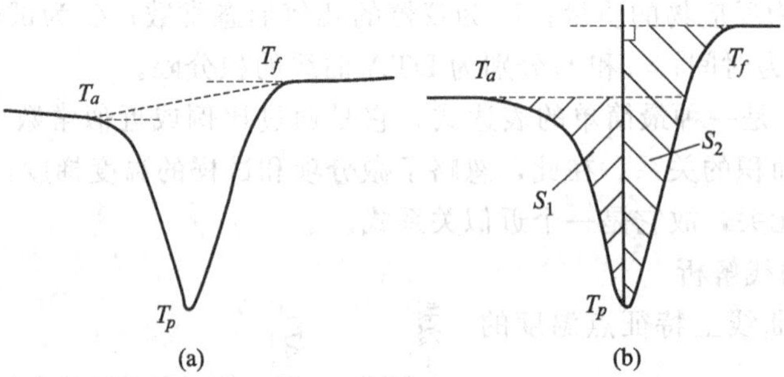

图 35-4　峰面积的求法

(3) DTA 的仪器结构

DTA 仪器的种类很多，但其内部结构装置大致相同，如图 35-5 所示。DTA 仪器一般由以下几部分组成：炉子（其中有试样和参比物坩埚、温度敏感元件等）、炉温控制器、微伏放大器、气氛控制、记录仪（或计算机）等。

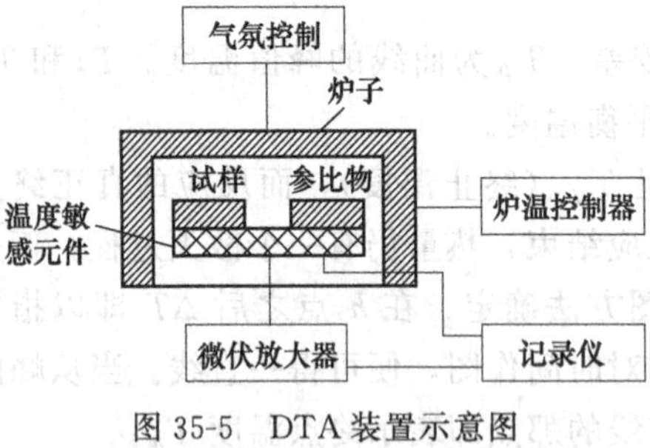

图 35-5　DTA 装置示意图

① 炉温控制器　炉温控制系统由程序信号发生器、PID 调节器和可控硅执行元件等几部分组成。程序信号发生器按给定的程序方式（升温、降温、恒温、循环）给出毫伏信号。若温控热电偶的热电势与程序信号发生器给出的毫伏值有差别，说明炉温偏离给定值，此偏差值经微伏放大器放大，送入 PID 调节器，再经可控硅触发器导通可控硅执行元件，调整电炉的加热电流，从而使偏差消除，达到使炉温按一定的速度上升、下降或恒定的目的。

② 差热放大单元　用以放大温差电势，由于记录仪量程为毫伏级，而差热分析中温差信号很小，一般只有几微伏到几十微伏，因此差热信号须经放大后再送入记录仪（或计算机）中记录下来。

③ 信号记录单元　由双笔自动记录仪（或计算机）将测温信号和温差信号同时记录下来。在 DTA 实验过程中，若升温时试样没有热效应，则温差电势应为常

数，DTA 曲线为一直线，称为基线。但是由于两个热电偶的热电势和热容以及坩埚形态、位置等不可能完全对称，在温度变化时仍有不对称电势产生，此电势随温度升高而变化，导致基线不直，这时可以用斜率调整线路加以调整。CRY 和 CDR 系列差热仪调整方法：坩埚内不放参比物和试样，将差热放大量程置于 $\pm100\mu V$，升温速率置于 10℃/min，用移位旋钮使温差记录笔处于记录纸中部，这时记录笔应画出一条直线。在升温过程中如果基线偏离原来的位置，则主要是由于热电偶不对称电势引起基线漂移。待炉温升到 750℃时，通过斜率调整旋钮校正到原来位置即可。此外，基线漂移还和试样杆的位置、坩埚位置、坩埚的几何尺寸等因素有关。

(4) 影响差热分析的主要因素

差热分析操作虽然简单，但在实际工作中往往发现同一试样在不同仪器上测量，或不同的实验人员在同一仪器上测量，所得到的差热曲线有差异，如峰的最高温度、形状、面积和峰值大小都会发生一定变化。其主要原因是热量与许多因素有关，系统内传热情况比较复杂。虽然影响因素很多，但仪器和试样是基本因素，只要严格控制某种条件，仍可获得较好的重现性。

① 参比物的选择　要获得平稳的基线，参比物的选择很重要。要求参比物在加热或冷却过程中不发生任何变化，在整个升温过程中参比物的热容、导热系数、粒度尽可能与试样一致或相近。

常用 α-三氧化二铝（α-Al_2O_3）、煅烧过的氧化镁（MgO）或石英砂作参比物。如分析试样为金属，也可以用金属镍粉作参比物。如果试样与参比物的热性质相差很远，则可用稀释试样的方法解决，这主要是为了降低反应剧烈程度；而如果试样在加热过程中有气体产生，则可以减少气体大量出现，以免使试样冲出坩埚。选择的稀释剂不能与试样产生任何化学反应或催化反应，常用的稀释剂有 SiC、铁粉、Fe_2O_3、玻璃珠、Al_2O_3等。

② 试样的预处理及用量　试样用量大，易使相邻两峰重叠，降低分辨率，因此尽可能减少试样用量。试样的颗粒度为 100～200 目，颗粒小可改善导热条件，但太细可能会破坏试样的结晶度。对易分解产生气体的试样，颗粒应大一些。参比物的颗粒、装填情况及紧密程度应与试样一致，以减少基线的漂移。

③ 升温速率的影响和选择　升温速率不仅影响峰的位置，而且影响峰面积的大小。一般来说，在较快的升温速率下，峰面积变大，峰变尖锐。但是快的升温速率使试样分解偏离平衡条件的程度也大，因而易使基线漂移。更主要的是可能导致相邻两个峰重叠，分辨率下降。升温速率较慢时，基线漂移小，使体系接近平衡条件，得到宽而浅的峰，也能使相邻两峰更好地分离，因而分辨率高。但测定时间长，需要仪器的灵敏度高。一般情况下选择 8～12℃/min，的升温速率为宜。

④气氛和压力的选择　气氛和压力可以影响试样化学反应和物理变化的平衡温度、峰形。因此，应根据试样的性质选择适当的气氛和压力，有的试样易氧化，可以通入 N_2、Ar 等惰性气体。

二、差示扫描量热法

在差热分析测量试样的过程中，当试样产生热效应时，由丁试样内的热传导，试样的实际湿度已不是程序所控制的温度（如在升温时）。由于试样的吸热或放热，促使温度升高或降低，因而进行试样热量的定量测定较困难。要获得较准确的热效应，可采用差示扫描量热法（Differential Scanning Calorimetry，DSC）。

1. DSC 的基本原理

DSC 是在程序控制温度下，测量输给试样和参比物的功率差与温度关系的一种技术。

经典 DTA 常用一金属块作为试样保持器以确保试样和参比物处于相同的加热条件下。而 DSC 的主要特点是试样和参比物分别各有独立的加热元件和测温元件，并由两个系统进行监控。其中一个用于控制升温速率，另一个用于补偿试样和惰性参比物之间的温差。DTA 和 DSC 加热部分的不同如图 35-6 所示，常见 DSC 的原理示意图如图 35-7 所示。

试样在加热过程中由于热效应与参比物之间出现温差 ΔT 时，通过差热放大电路和差动热量补偿放大器，使流入补偿电热丝的电流发生变化：当试样吸热时，补偿放大器使试样一边的电流立即增大；反之，当试样放热时，则使参比物一边的电流增大，直到两边热量平衡，温差 ΔT 消失为止。换言之，试样在热反应时发生的热量变化，由于及时输入电功率而得到补偿，所以实际记录的是试样和参比物下面两只电热补偿的热功率之差随时间 t 的变化，即 $\mathrm{d}H/\mathrm{d}t$-t 关系。若升温速率恒定，记录的也就是热功率之差随温度 T 的变化 $\mathrm{d}H/\mathrm{d}t$-T 关系，如图 35-8 所示。其峰面积 S 正比于焓的变化 ΔH，有

$$\Delta H = KS \tag{35-2}$$

式中，K 是与温度无关的仪器常数。

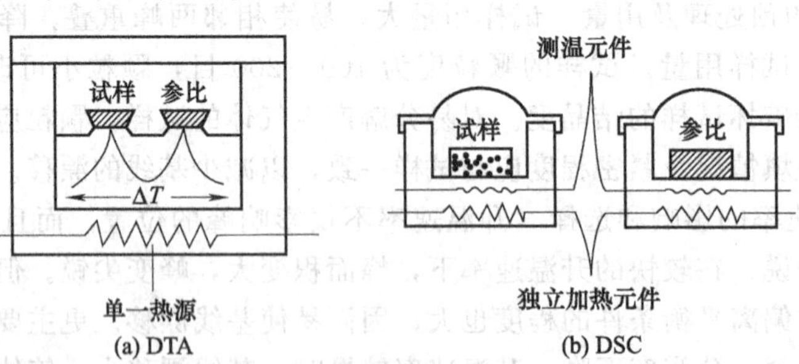

图 35-6　DTA 和 DSC 加热元件示意图

若先用已知相变热的试样标定仪器常数，再根据待测试样的峰面积，就可得到 ΔH 的绝对值。测定锡、铅、铟等纯金属的熔化，从其熔化焓的文献值即可标定出仪器常数 K。

用差示扫描量热法可以直接测量热量，这是 DSC 与差热分析的一个重要区别。

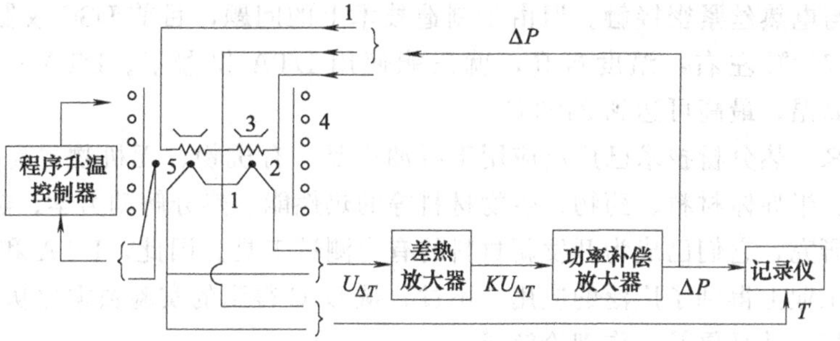

图 35-7 功率补偿式 DSC 原理图

1—温差热电偶；2—补偿电热丝；3—坩埚；4—电炉；5—温控热电偶

此外，与 DTA 相比，DSC 另一个突出的优点是：DTA 在试样发生热效应时，试样的实际温度已不是程序升温时所控制的温度（如在升温时试样由于放热而一度加速升温）；而 DSC 由于试样的热量变化随时可得到补偿，试样与参比物的温度始终相等，避免了参比物与试样之间的热传递，故仪器的响应灵敏，分辨率高，实验结果的重现性好。

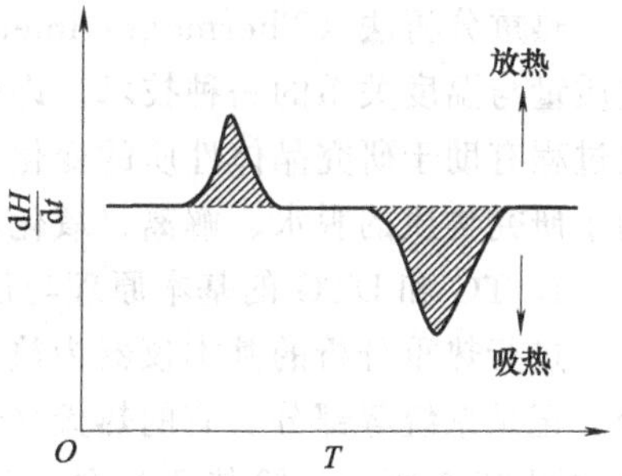

图 35-8 DSC 曲线

2. DSC 的仪器结构及操作注意事项

CDR 型差动热分析仪（又称差示扫描量热仪），既可做 DTA，也可做 DSC。其结构与 CRY 系列差热分析仪结构相似，只增加了差动热补偿单元，其余装置都相同。CDR 仪器的操作也与 CRY 系列差热分析仪基本一样，但需注意以下几点：①将“差动”、“差热”的开关置于“差动”位置时，微伏放大器量程开关置于±100μV 处（不论热量补偿的量程选择在哪一挡，在差动测量操作时，微伏放大器的量程开关都放在±100μV 挡）；②将热补偿放大单元量程开关放在适当位置，如果无法估计确切的量程，则可放在量程较大位置，先预做一次实验；③不论是差热分析仪还是差示扫描量热仪，使用时首先确定测量温度，选择坩埚，500℃以下用铝坩埚，500℃以上用氧化铝坩埚，还可根据需要选择镍、铂等坩埚；④被测量的试样若在升温过程中能产生大量气体，或能引起爆炸，或具有腐蚀性，都不能用于实验。

3. DTA 和 DSC 应用讨论

DTA 和 DSC 的共同特点是峰的位置、形状、数目与被测物质的性质有关，故可以定性地鉴定物质。从理论上讲，物质的所有转变和反应都应有热效应，因而可以采用 DTA 和 DSC 检测这些热效应，不过有时由于灵敏度等种种原因的限制，不一定都能观测得出；而峰面积的大小与反应焓有关，即 $\Delta H=KS$。对 DTA 曲线，K 是与温度、仪器和操作条件有关的比例常数；而对 DSC 曲线，K 是与温度无关的比例常数。这说明在定量分析中 DSC 优于 DTA。为了提高灵敏度，DSC 所用的试样容器与电热丝紧密接触。但由于制造技术上的问题，目前 DSC 仪器测定温度只能达到 750℃左右，温度再高，就只能使用 DTA 仪器了。DTA 一般可用到 1600℃的高温，最高可达到 2400℃。

近年来，热分析技术已广泛应用于石油产品、有机物、无机物、高分子材料、金属材料、半导体材料、药物、生物材料等的热性能、热分解动力学、热分解过程及机理等研究，它们已成为开发新材料的有力测试工具。因此，DTA 和 DSC 在化学领域和工业上得到了广泛的应用。不过，从 DSC 得到的实验数据比从 DTA 得到的定量更好，并且更易于作理论解释。

三、热重分析法

热重分析法（Thermogravimetric Analysis，TG）是在程序控制温度下测量物质质量与温度关系的一种技术。许多物质在加热过程中常伴随质量的变化，这种变化过程有助于研究晶体性质的变化，如熔化、蒸发、升华和吸附等物理现象，也有助于研究物质的脱水、解离、氧化、还原等化学现象。

1. TG 和 DTG 的基本原理与仪器

进行热重分析的基本仪器为热天平。热天平一般包括天平、炉子、程序控温系统、记录系统等部分。有的热天平还配有通入气氛或真空装置。典型的热天平示意图如图 35-9 所示。除热天平外，还有弹簧秤。国内已有 TG 和 DTG（微商热重法）联用的示差天平。

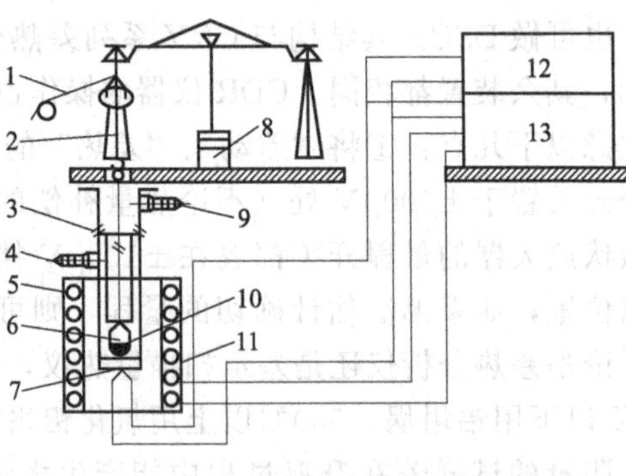

图 35-9 热天平示意图

1—机械减码；2—吊挂系统；3—密封管；4—出气口；5—加热丝；6—试样盘；7—热电偶；8—光学读数；9—出气口；10—试样；11—管状电阻炉；12—温度读数表头；13—温控加热单元

一般地，可将热重分析法分为两大类，即静态法和动态法。静态法是等压质量变化的测定，是指某一物质的挥发性产物在恒定分压下，物质平衡与温度 T 的函数关系。以失重为纵坐标，温度 T 为横坐标作等压质量变化曲线图。等温质量变化的测定是指一物质在恒温下，物质质量变化与时间 t 的相互关系，以质量变化为纵坐标，以时间为横坐标，获得等温质量变化曲线图。动态法是在程序升温的情况下，测量物质质量的变化对时间的函数关系。

在控制温度下，试样受热后质量减轻，天平（或弹簧秤）向上移动，使变压器内磁场移动，输电功能改变；另一方面，加热电炉温度缓慢升高时热电偶所产生的电位差输入温度控制器，经放大后由信号接收系统绘出 TG 热分析图谱。

热重法实验得到的曲线称为热重曲线（TG 曲线），如图 35-10 曲线 a 所示。TG 曲线以质量作纵坐标，从上向下表示质量减少；以温度（或时间）作横坐标，自左至右表示温度（或时间）增加。

DTG 是 TG 对温度（或时间）的一阶导数。以物质的质量变化速率 dm/dt 对温度 T（或时间 t）作图，即得 DTG 曲线，如图 35-10 曲线 b 所示。DTG 曲线上的峰代替 TG 曲线上的阶梯，峰面积正比于试样质量。DTG 曲线可以由微分 TG 曲线得到，也可以用适当的仪器直接测得，DTG 曲线比 TG 曲线优越性大，它提高了 TG 曲线的分辨率。

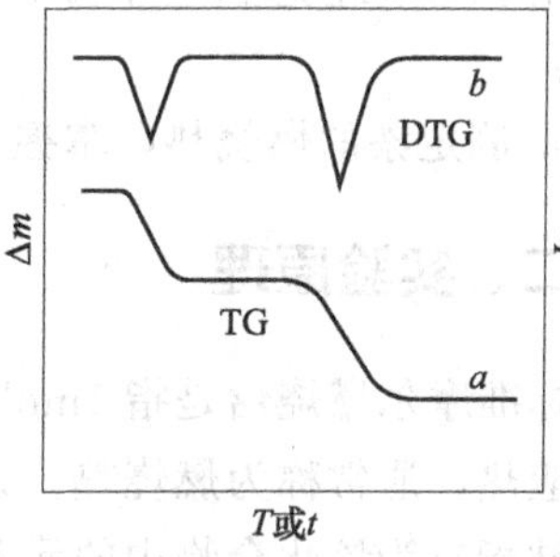

图 35-10　热重曲线图

2. 影响热重分析的因素

热重分析的实验结果受到许多因素的影响，主要包括：仪器因素，如升温速率、炉内气氛、炉子的几何形状、坩埚的材料等；试样因素，如试样的质量、粒度、装样的紧密程度、试样的导热性等。

在 TG 的测定中，升温速率增大会使试样分解温度明显升高。如升温太快，试样来不及达到平衡，会使反应各阶段分不开。合适的升温速率为 5～10℃/min。试样在升温过程中，往往会有吸热或放热现象，这样使温度偏离线性程序升温，从而改变了 TG 曲线位置。试样量越大，这种影响越大。对于受热产生气体的试样，试样量越大，气体越不易扩散。另一方面，试样量大时，试样内温度梯度也大，将影响 TG 曲线位置。总之，实验时应根据天平的灵敏度，尽量减少试样量。试样的粒度不能太大，否则将影响热量的传递；粒度也不能太小，否则开始分解的温度和分解完毕的温度都会降低。

3. 热重分析法的应用

热重分析法的主要特点是定量性强，能准确地测量物质的质量变化及变化的速率。可以说，只要物质受热时发生质量的变化，就可以用热重法来研究其变化过程。目前，热重分析法已在下述方面得到应用：无机物、有机物及聚合物的热分解；金属在高温下受各种气体的腐蚀过程；固态反应；矿物的煅烧和冶炼；液体的蒸馏和汽化；煤、石油和木材的热解过程；含湿量、挥发物及灰分含量的测定；升华过程；脱水和吸湿；爆炸材料的研究；反应动力学的研究；发现新化合物；吸附和解吸；催化剂活性的测定；表面积测定；氧化或还原稳定性研究；反应机制研究等。

实验三十六 燃烧热的测定

一、实验目的

1. 明确燃烧热的定义，了解恒容燃烧热与恒压燃烧热的差别与联系。

2. 了解氧弹量热计的原理、构造和使用方法，掌握燃烧热的测定方法；加深对热化学基本理论和基本知识的理解，获得热化学研究方法和实验技术的基本训练。

3. 测定萘的燃烧热，掌握雷诺图解法校正温度的改变值。

二、实验原理

标准摩尔燃烧焓是指1mol物质在标准压力$p^{\ominus}$及指定温度下被氧完全氧化时的反应热，通常称为燃烧热，以$\Delta_c H_m^{\ominus}$表示，是热化学中重要的基本数据。燃烧产物被指定为该化合物中的元素C变为CO_2（g），H变为H_2O（l），S变为SO_2（g），N变为N_2（g），Cl变为HCl（aq），其他元素转变为氧化物或游离态。一些物质在298.15K的标准摩尔燃烧焓在化学手册中可查到。根据上述定义，燃烧产物的燃烧焓等于零。

一般化学反应的热效应，往往因反应太慢或反应不完全，而难以直接测定，但根据赫斯定律可由燃烧热数据间接求得。而燃烧热较易直接测定，故燃烧热广泛地用在各种热化学计算中。

对于化学反应

$$d\mathrm{D}+e\mathrm{E}\rightarrow g\mathrm{G}+h\mathrm{H}$$

其反应热效应等于各反应物燃烧焓的总和减去各产物燃烧焓的总和，即

$$\Delta_c H_m^{\ominus}(T)=-\sum_B v_B \Delta_c H_m^{\ominus}(B,\ \beta,\ T)$$

式中，对于反应物的计量系数v取负号，对于生成物的ν取正号，β表示物质的相态，T表示热力学温度；B表示反应物或产物。由于燃烧热比一般反应热的数值大，所以测定燃烧热时不大的误差也会给计算的反应热带来较大的相对误差。

许多物质的燃烧热和反应热已经精确测定。燃烧热数据用于评价固体或液体燃料、食品等的热值，还用于计算反应热、反应器和过程热平衡等工程设计计算。燃烧热的测定，除了具有重要实际应用价值外，还可以用于求算化合物的生成焓、键能等基础数据。

量热法是热力学的基本实验方法之一，测定燃烧热的氧弹量热计是重要的热化学仪器，在热化学、生物化学和某些工业部门中有着广泛应用。量热计种类较多，可参阅有关专著。

1. 恒容燃烧热和恒压燃烧热的关系

在恒容或恒压条件下可分别测得恒容燃烧热 Q_v 和恒压燃烧热 Q_p。常用量热计所测的燃烧热是恒容燃烧热 Q_v。根据热力学第一定律，体系不做非膨胀功时，恒容燃烧热等于体系热力学能的变化，$\Delta U = Q_v$，而恒压反应热 $Q = \Delta H$。在氧弹量热计中测定的是 Q_v。

一般地，热化学计算中常用的是 Q_p，它与 Q_v 之间的关系为

$$Q_p = Q_v + p\Delta V \tag{36-1}$$

若参加反应的气体和生成的气体均作为理想气体处理，则有

$$Q_p = Q_v + \Delta nRT \tag{36-2}$$

式中，Δn 为反应前后气态物质的物质的量之差；R 为摩尔气体常量；T 为燃烧反应体系的热力学温度。

2. 氧弹量热计

本实验用氧弹量热计测定物质的恒容燃烧热，其基本原理是能量守恒定律。样品完全燃烧放出的能量使氧弹本身及其周围介质（本实验用水）和量热计有关附件的温度升高，因此通过测量介质在燃烧前后体系温度的变化值 ΔT，即可根据式（36-3）计算样品的恒容燃烧热 Q_v：

$$mQ_v + Q_{点火} = m_{水}C_{水} + C_{计}\Delta T \tag{36-3}$$

式中，m 为燃烧样品的质量；$Q_{点火} = lQ_l$，l 和 Q_l 分别为引燃用铁丝的实际长度和单位长度的燃烧热；$m_{水}$ 和 $C_{水}$ 分别为所用测量介质水的质量和比热容；$C_{计}$ 称为量热计的水当量，即除水之外，量热计升高 1℃所需的热量；ΔT 为样品燃烧前后介质（水）温度的变化值。

在氧弹量热计中，吸收热量的不仅有水，还有量热计的其他部件（如氧弹、盛水桶、温度计、搅拌器等）。若知道量热计的每一部分的质量和比热容数据，则从温度的变化值可求出它们的总热容。然而，上述各部件的比热数据并不容易获得，所以量热计的水当量是由实验来确定的。量热计的热容用数量与它相当的水的热容表示，这个数量称为量热计的水当量。$C_{计}$ 一般是用已知燃烧热的物质（如本实验用纯苯甲酸）标定。苯甲酸的 $Q_v = 2.6460 \times 10^4$ kJ/kg。在标定 $C_{计}$ 时，先用已知质量的苯甲酸在量热计中燃烧，测定其 ΔT，便可求出 $C_{计}$。知道 $C_{计}$ 后，在相同实验条件下将其他样品置于量热计中燃烧，获得 ΔT 数据后，由式（36-3）便可计算出样品的 Q_v。

为确保样品完全燃烧，氧弹中必须充入足够量的氧气，同时粉末样品必须压成片状，以免充气时冲散样品，使燃烧不完全，造成实验误差。样品完全燃烧是实验成功的关键。氧弹须有良好的密封性能和耐高压耐腐蚀性能。另外，必须使燃烧后放出的热量不散失而全部传递给量热计本身和其中盛放的水。为了减少量热计与环境的热交换，氧弹应放在一个恒温套壳中；为了减少热辐射和空气的对流，盛水桶和套壳之间装有一个高度抛光的挡板。尽管如此，热漏还是无法避免的，因此燃烧前后温度变化的测量值必须经过雷诺（Renolds）图解法校正。

3. 雷诺图解法

将样品燃烧前后历次观测所得的水温对时间作图，得如图 36-1（a）和（b）所示的曲线 $ABNCD$。在图 36-1（a）中，B 点相当于开始燃烧，热传入介质，C 点为观察到的最高温度值，过 B、C 点作水平（轴）的平行线；从相当于外套桶桶温（室温）的 M 点作水平线 MN 交曲线 $ABNCD$ 于 N 点，过 N 点作垂线 $E'F'$，然后将 AB、CD 线外延交 $E'F'$线于 E、F 两点，则 E、F 两点所表示的温度差即为矫正过的 ΔT。图 36-1 中 EE'为开始燃烧到体系温度上升至外套桶桶温这一段时间内，由环境辐射进来和搅拌引进的能量所造成的升温，故应予以扣除；FF'是由外套桶桶温降低升到最高点 C 这一段时间内，量热计向环境辐射出的能量所造成的量热计温度的降低，需要添加。由上述分析知，E、F 两点的温度差较客观地表示了由于样品燃烧使量热计温度升高的数值。

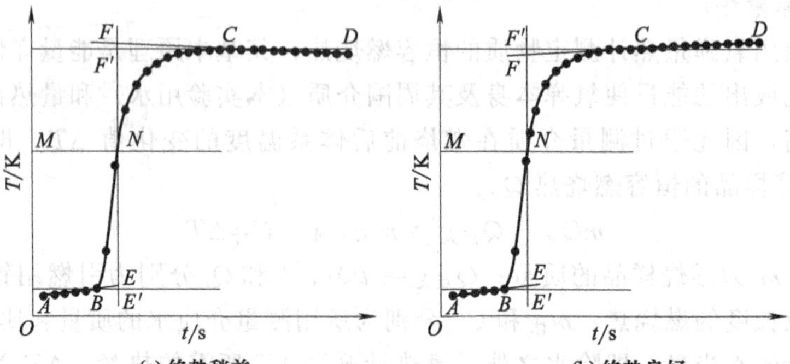

图 36-1　ΔT 的雷诺校正图

有时量热计的绝热情况良好，漏热量很小，而搅拌功率大，不断引进的能量使得曲线不出现最高温度点，此时 ΔT 仍然可按此法校正，如图 36-1（b）所示。

本实验采用计算机量热仪进行自动量热，并通过计算机进行数据处理；用数字式精密温差测量仪测量温度差。

三、仪器试剂

1. 仪器

计算机量热仪 1 套（含氧弹量热计、数字式精密温差测量仪、计算机、打印机，图 36-2 和图 36-3）；压片机 2 台；0～50℃温度计 1 支；氧气钢瓶，氧气减压器；万用表、烧杯（1000mL）、电子秤（12kg）、药物天平、塑料桶、剪刀、直尺。

2. 试剂

Φ0.15mm 引燃专用纯铁丝；苯甲酸（AR）；萘（AR）。

四、实验步骤

1. 测定量热计的水当量 $C_{计}$

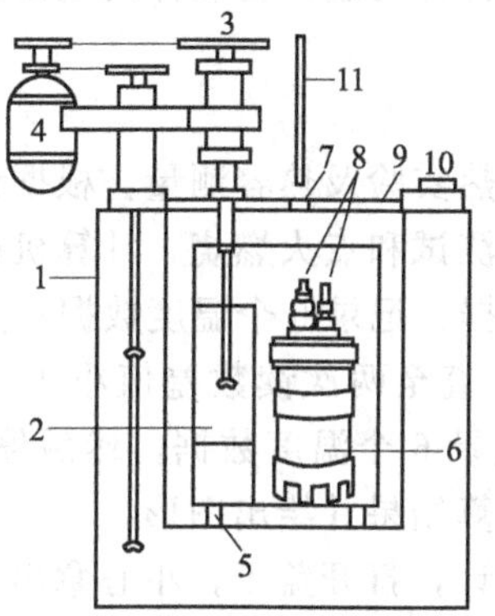

图 36-2　氧弹量热计安装示意图

1—外套；2—量热熔器；3—搅拌器；4—搅拌马达；5—绝缘支柱；6—氧弹；7—内桶测温探头插口；8—电极；9—桶盖；10—外桶测温探头插口；11—测温探头

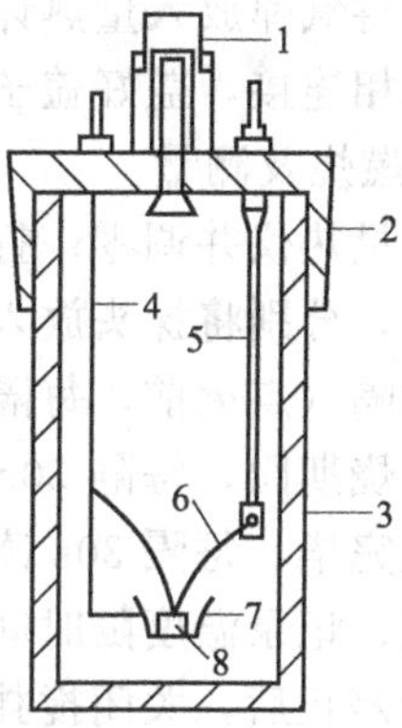

图 36-3　氧弹剖面图

1—出气管；2—弹盖；3—弹体；4—电极 5—进气管兼电极；6—引燃铁丝；7—金属皿；8—样品片

(1) 样品压片

用药物天平称取约 1g 苯甲酸（不超过 1.0g），在压片机上稍用力压成圆片。用镊子将样品放在干净的称量纸上轻击两三次，除去表面粉末后再用分析天平准确称量。

(2) 量热计及其附件清洁

整理量热计及各部件，用砂纸打磨燃烧皿并用乙醇擦拭干净；用乙醇擦拭氧弹套桶内表面及氧弹各部件，减少热量的辐射散失。

(3) 装氧弹及充氧

装氧弹：将氧弹上盖旋出，将已称量的压片放在氧弹的小器皿中；剪取约 10cm 的纯铁丝，将铁丝中间捏成 V 形，两端分别绑牢在两根电极上；将小器皿放回氧弹套筒中，旋紧氧弹盖。用万用电表检查两电极间电阻值，一般应不大于 20Ω。

充氧：①卸下进气管口的螺栓，换上导气管接头；导气管的另一端与氧气钢瓶上的减压阀接通；②关闭（反时针方向渐渐旋松）减压阀；③打开总阀至指针指向 $100kg/cm^2$（$1MPa=10.19716kg/cm^2$）；④开启（顺时针渐渐旋紧）减压阀，使指针指在约 1.8MPa 的位置；⑤充气 3min 后先关闭（反时针旋松）减压阀，然后松开导气管接头，氧弹内已充好氧气；⑥将氧弹的进气螺栓旋上，再次用万用表检查两电极间的电阻，若阻值过大或电极与弹壁短路，则应放出氧气，开盖检查；⑦在气瓶总阀与氧气减压器之间尚有余气，应旋紧减压阀以放掉余气，再旋松减压阀，使两个表的指针均恢复零位。

(4) 安装量热计

用电子秤准确称取已被调节到低于外套桶桶温 0.5～1℃的自来水 3000g 于盛

水桶内。将氧弹放入量热计的盛水桶中间，装好搅拌马达，将氧弹两电极用导线与点火导线相连接，盖好盖子。

(5) 燃烧及测量

开启量热仪并调零；打开计算机，选择燃烧热实验及热容测量，根据计算机的提示命令，分别将探头放入外桶和内桶进行温度测试和点火燃烧，计算机根据设定的时间间隔（点火前，每隔 30s 读取一次温度数据，记录 6 个温度数据；点火成功至样品燃烧期间，每隔 30s 读取一次温度数据，直至两次读数差值小于 0.005℃；样品燃烧完毕，每隔 30s 读取一次温度数据，记录 6 个温度数据，然后停止实验）自动采集、记录温度随时间的变化关系，给出计算结果并绘出图形。

实验停止后，关闭搅拌马达，小心取下温度计，打开盖子，小心拿出氧弹，打开氧弹排气孔，放出余气，旋出氧弹盖，检查样品燃烧情况。若氧弹中有许多黑色残渣，表示燃烧不完全，实验失败，应重做实验。燃烧后剩余的铁丝长度必须用尺测量，将数据记录下来。擦干氧弹和盛水桶，备用。

样品点火成功和燃烧完全与否是本实验的关键所在。

2. 测定萘的燃烧热

称取约 0.8g 萘，同上法重复实验，测定萘的燃烧热。

3. 结束工作

实验结束后，倒出桶中的水，晾干备用；放掉氧气气瓶减压阀与总阀之间的余气；关闭氧气气瓶的总阀。做好实验室台面及地面清洁工作。

五、注意事项

1. 苯甲酸必须经过干燥，受潮样品不易燃烧且称量有误；压片时注意识别压片机上的标签，一台用于苯甲酸，另一台用于萘，两台压片机不可混用，以免引进样品交叉污染；压好的样品要求密实，否则在称量及燃烧样品时易造成样品散落，带来实验误差。

2. 检查氧弹内部是否干净；铁丝不可悬得太高，但也不能接触样品和器皿，最好在样品上方 1mm 左右的距离，以保证最佳的引燃效果。

3. 充氧气之前旋紧氧弹的排气孔，防止漏气。严格按照氧气气瓶操作步骤进行充氧气操作：减压阀顺时针旋转为开启阀门，逆时针旋转为关闭阀门。

4. 用冰水将水温调节至低于室温 0.5～1℃；盛水桶在量热计套桶里要垂直放稳；将氧弹放入盛水桶中时注意手不要沾上已称量的水。

5. 安装搅拌马达时注意搅拌桨不能与周围的卡计发生碰撞，搅拌马达须运转自如。

6. 进行萘的燃烧实验时要重新调节水温，称量水质量。

六、数据处理

1. 将实验原始数据和实验条件列表记录。

2. 苯甲酸的燃烧热为−26460J/g，引燃铁丝的燃烧热值为−2.9J/cm。

3. 根据测得的实验数据，画雷诺图进行温度校正，求出温度的改变值，并与计算机软件输出的结果比较；计算水当量$C_{计}$和萘的燃烧热Q_v，并计算其Q_p。将测量所得萘的燃烧热值与文献值（40205J/g，$p^{\ominus}$，298.15K）进行比较，并讨论影响实验结果准确性的因素。注意量纲、有效数字以及误差的计算。

4. 根据实验所用仪器的精度，正确表示测量结果，通过误差分析指出最大测量误差所在。

七、分析讨论

1. 热化学实验常用的量热计有环境恒温式量热计和绝热式两种，本实验使用前者。氧弹中有的是浸在水中，有些则是挂在抽真空的套中（称为“无液”弹式量热计），其氧弹都是静止的。在此基础上发展了转弹量热计，它有许多优点。由于电子技术的迅速发展，量热测量精度不断提高，燃烧样品的用量从原来的1～2g减少到10mg的高精度量热计已在科研中广泛使用。

对于挥发性足够大的物质（包括气体），不使用弹式量热计而使用火焰量热计。

2. 标定量热计的水当量，除了用苯甲酸外，常用的标准物质还有丁二酸、噻蒽、4-氯苯甲酸、三羟甲基氨基甲烷、五氟苯甲酸、尿素、2,2,4-三甲基戊烷、4-氟苯甲酸等。

3. 以上测量没有考虑燃烧反应形成的酸（氧气中的氮气燃烧后与水蒸气反应生成硝酸）的生成热和溶解热，在精密测定中必须考虑这部分热效应校正。方法如下：在装氧弹时，预先在氧弹中加5mL蒸馏水。燃烧后，将所生成的稀硝酸溶液倒出，再用少量蒸馏水洗涤氧弹内壁，一并收集到150mL锥形瓶中，煮沸5min（以除去CO_2），加入2滴1%酚酞溶液，以0.1000mol/L NaOH溶液滴定至粉红色，记下消耗的NaOH溶液的体积，其放出的热值为5.983J/mL NaOH（0.1000mol/L）。由此可计算出氧气中含氮杂质氧化所产生的热效应。

4. 对其他热效应（如溶解热、中和热、化学反应热等）可用普通杜瓦瓶作为量热计，先用已知热效应的反应物体系求出量热计的水当量，然后对未知热效应的反应进行测定。对于吸热反应，可用电热补偿法直接求出反应热效应。

八、思考题

1. 实验测量得到的温度改变值为什么还要经过雷诺图解法校正？哪些误差来源会影响测量结果的准确性？

2. 本实验中，哪些是体系？哪些是环境？实验过程中有哪些热损耗？该采取何种措施减少热损耗？

3. 为什么加入内桶的水温要比外桶的水温低？低多少合适？

4. 如何用萘的燃烧热数据计算其标准生成热？

$$C_{10}H_8(s) + 12O_2(g) \longrightarrow 10CO_2(g) + 4H_2O(l)$$

5. 固体样品为什么要压成片状？若不压片，实验能进行吗？

6. 试讨论本实验装置可否进行气体（如 H_2、CH_4、C_3H_8等）、液体（如花生油、柴油等）样品的燃烧热的测定，并说明理由。

7. 一点火是否成功和燃烧完全与否是本实验的关键。有些样品本身不易点火，此时该采取何种措施使点火成功？

8. 有些低热值煤或固体废料，要准确测定其燃烧热，该怎样进行实验？

9. 论述燃烧热数据对化学和化工过程设计和生产的重要性。

10. 将本实验测量系统进行改造，使之能用于物质溶解热、化学反应热效应的测定。

实验三十七 差热分析

一、实验目的

1. 了解热分析的一般原理，掌握差热分析（DTA）和差动热分析（DSC）的基本原理、实验方法及技术。

2. 了解差动热分析仪的构造，掌握其使用方法。

3. 用差动热分析仪测定 $CuSO_4 \cdot 5H_2O$ 在加热过程中发生的温度变化，并对热谱图进行定性分析和定量处理。根据测得的实验数据和分析结果，讨论$CuSO_4 \cdot 5H_2O$ 中 5 个结晶水的热稳定性的差异与空间结构的关系。

二、实验原理

热分析是一种重要的实验技术，可分为差热分析法、热重法、差动热分析法等。

差热分析法是一种重要的物理化学分析方法，利用它可以对物质进行定性和定量分析，因而在科学研究和化工、冶金、陶瓷、地质和金属材料等工业生产部门中有着广泛应用。目前，差热分析法已成为化学学科中的常规分析手段之一，在相图绘制、固体热分解反应、脱水反应、物质相变、反应速率及活化能测定、配合物热稳定性研究等许多方面得到广泛应用。

物质受热时发生化学反应，其质量也随之改变，测定物质质量的变化就可研究其变化过程。热重法（TG）是在程序控制温度下，测量物质质量与温度关系的一种技术。热重法得到的曲线称为热重曲线（TG 曲线）。热重曲线以质量作纵坐标，从上向下表示质量减少；以温度（或时间）为横坐标，自左至右表示温度（或时间）增加。热重法的主要特点是定量好，能准确地测量物质质量的变化及变化的速率。

热重法的实验结果与实验条件有关。在相同实验条件下，同种样品的热重数据是重现的。

从热重法又发展出微商热重法（DTG），即热重曲线对温度（或时间）的一阶导数。实验时可同时得到微商热重曲线和热重曲线。微商热重曲线能精确地反映出起始反应温度、达到最大反应速率的温度和反应终止温度。在热重曲线上，对应于整个变化过程中各阶段的变化互相衔接而不易区分开，而同样的变化过程在微商热重曲线上能呈现出明显的最大值，所以微商热重法能很好地检测出重叠反应，区分各个反应阶段，这是微商热重法的最大优点。此外，微商热重曲线峰的面积精确地对应变化的质量，因而用微商热重法能精确地进行定量分析。有些材料由于种种原因不能用差热分析，却可以采用微商热重法分析。

随着电子技术的发展，差热分析仪也由早期的简单型发展成为现在的数字化、高精度型，仪器挡次有多种；另外，热分析法与其他分析技术和实验仪器联用也得到发展和应用，如热重-红外（IR）谱仪等。

有关差热分析、差示扫描量热法、热重分析法的基本原理见本书实验三十五。下面介绍 $CuSO_4 \cdot 5H_2O$ 晶体的脱水过程。

很多离子型的盐类从水溶液中析出时，常含有一定量的结晶水。结晶水与盐类结合得较牢固，但受热到一定温度时，会脱去结晶水的一部分或全部。$CuSO_4 \cdot 5H_2O$ 晶体在不同温度下可逐步脱水，颜色随着水的含量不同由蓝色变为浅蓝色，最后为白色或灰白色。$CuSO_4 \cdot 5H_2O$ 晶体按下列反应逐步脱水（注意：在不同无机化学教科书和有关手册中，$CuSO_4 \cdot 5H_2O$ 逐步脱水的温度数据相差较大）。

$$CuSO_4 \cdot 5H_2O \xrightarrow{102℃} CuSO_4 \cdot 3H_2O + 2H_2O$$

$$CuSO_4 \cdot 3H_2O \xrightarrow{113℃} CuSO_4 \cdot H_2O + 2H_2O$$

$$CuSO_4 \cdot H_2O \xrightarrow{258℃} CuSO_4 + H_2O$$

硫酸铜失去结晶水的过程分三个阶段，与其结构有关。图 37-1 示出了 $CuSO_4 \cdot 5H_2O$的空间结构，可见四个水分子以平面四边形配位在 Cu^{2+} 的周围，第五个水分子以氢键与硫酸根 SO_4^{2-} 结合，分别在平面四边形的上、下，形成不规则的八面体。四个与 Cu^{2+} 配位的水分子中，有两个与第五个水分子也形成一个氢键。

图 37-1 $CuSO_4 \cdot 5H_2O$ 的结构

三、仪器试剂

1. 仪器

CDR-4P 型差动热分析仪；电子天平；装样工具。

2. 试剂

$CuSO_4 \cdot 5H_2O$（AR），密封好并置于干燥器中备用。

四、实验步骤

1. 实验过程

(1) 仪器通电预热 20min。

(2) 开冷却水，如果需要，将一定的气氛通入通气管。

(3) 将“数据站接口单元”的显示选择在 T 挡。

(4) 将“差动热补偿单元”的“差热”、“差动”开关置于“差动”挡，微伏放大器量程开关置于$\pm 100\mu V$处，“斜率调整”置于“6”。

(5) 准确称取 5～10mg 已研细的样品于坩埚内，使样品平铺坩埚底。

(6) 将盛装样品的坩埚置于炉体中：转动手柄，使电炉上升到距最高位置 0.8～1cm 处，炉体即能从护板上转出，用镊子夹住装好样品的坩埚，手不要抖动，轻轻放在样品支架的左侧，右侧已放置装好参比物的坩埚（参比物是在试温区内对热高度稳定的物质，如 α-Al_2O_3，一般不用更换)。将炉体转回原处，一定要对准，否则容易碰断样品杆，再轻轻地向下摇到底。切记此点。

(7) 根据测量要求，选择适当的升温方式和速度编制程序，接通电炉电源，使炉温按预定要求变化。

(8) 操作计算机进行采样。

2. DSC 操作规程

对于 CDR-4P 型差动热分析仪，其操作步骤如下：

(1) 开机后，按住∧键，SV 屏幕显示 STOP 时再松手。

(2) 按一下＜键即放开，PV 屏幕显示 C01，用∧、∨键调节温度高低，用＜键移动小数点位置，输入起始温度（一般设为 20℃)。

(3) 按一下□键，立即松手（若按住超过 2s，出现 STEP 时，不能再按其他键，必须等待 SV 出现跳跃 STOP 状态时，重新由第一步开始设置)，PV 屏幕显示 T01，用∧、∨键输入第一阶段升温所需时间（温度跨度值/升温速度)。

(4) 按一下□键，PV 屏幕显示 C02，用∧、∨键输入第一阶段结束温度（通常比实际所需温度高 30℃左右)。

(5) 按一下□键，PV 屏幕显示 T02，用∧、∨键输入－120 表示停止加热。等待 SV 屏幕自动跳跃到 STOP 状态，即 STEP1 设定操作完毕。

(6) 按住∨键，SV 屏幕显示 HOLD 时立即松手，等待 3min 后再做下一步。

(7) 按住∨键，SV 屏幕显示 RUN 时立即松手，再按电炉启动按钮，即电炉开始升温，此时输出电压由 0.2V 逐渐增大至 50V 左右即为正常。

(8) 操作计算机开始采样。

(9) 升温至所需值后，按电炉停止按钮，结束升温。

(10) 按操作规程关闭仪器。

3. 谱图打印

将保存于计算机中的测量谱图打印一份，用作实验报告的原始数据。

五、注意事项

1. 升温结束后，把炉体打开，降至室温。取出样品，观察样品的颜色、状态变化，称量并对比反应前后的质量变化，可推断出其组成。

2. 样品是否吸潮、样品的粒度大小等会影响峰形。

六、数据处理

根据图谱和数据分别计算第一步、第二步、第三步失去结晶水的个数，分析这五个结晶水的不同热稳定性。

七、思考题

1. 对测定样品的质量有什么要求？如果样品装得太多、太厚，对实验有何影响？

2. 如果升温速率太快，对峰形、实验结果有何影响？

3. 哪些因素会影响硫酸铜结晶水测定结果的准确性？

4. DSC 和 DTA 实验技术有何区别？

5. 对于 $CaC_2O_4 \cdot H_2O$ 的热分解反应，分别讨论空气和氮气气氛对其差热分析曲线的影响。

6. 对于 DTA，在何种情况下，升温过程与降温过程所得到的差热分析结果相同？在什么情况下，只能采用升温或降温的方法？

7. 样品粒度是否越细越好？为什么？

8. 选择参比物时应考虑哪些因素？为什么？

实验三十八 火焰原子吸收光谱分析最佳实验条件的选择

一、实验目的

1. 了解原子吸收光谱分析最佳实验条件对提高分析能力的重要性。

2. 掌握选择条件的方法。

二、实验原理

原子吸收分析实验条件的优化包括对分析波长、灯电流、狭缝宽度、雾化器的提升量和雾化效率的确定，以及对光、燃烧器位置和燃气-助燃气的比例等条件的选择。不同元素因原子化行为的差异，实验条件不尽相同。优化分析条件可以提高分析方法的灵敏度，改善检出限，提高测量精度和减少干扰影响。

本实验以铜为例进行系统的操作训练。

三、仪器试剂

1. 仪器

日立 Z-2000 火焰/石墨炉原子吸收分光光度计，Cu 空心阴极灯。

2. 试剂

铜标准溶液：0.60μg/mL。

四、实验步骤

1. 分析波长的选择

每一元素都有数条分析线，通常选择最灵敏线为测量波长，但对于谱线复杂的元素或在待测液浓度较高的情况下，也可选择次灵敏线，以减少干扰和校准曲线过早弯曲等影响。对于铜的分析波长，选用 324.8nm。

在确定分析波长后，其最佳波长位置须进一步细调确定，因为波长测示值与理论波长有误差，但带微型计算机的仪器，可自动设置波长和自动寻峰，免去人工调节。

2. 狭缝宽度（或单色器光谱通带）的选择

单色器的光谱通带是指单色仪的出射狭缝每毫米距离内包含的波长范围，光谱通带与狭缝关系用下式表示：

$$\Delta\lambda = S\frac{d\lambda}{dx} \tag{38-1}$$

式中，$\Delta\lambda$ 为单色器出射光束波长区间的宽度，nm；S 为出射狭缝宽度，mm；$\frac{d\lambda}{dx}$为单色器的倒线色散率，nm/mm。

对不同元素的测定，须选择合适的通带，一般元素的通带为 0.2～4.0nm，可把共振线和非共振线相互分开，对谱线复杂的元素需采用小于 0.2nm 的通带。测量时固定其他工作条件，改变狭缝宽度（或单色器通带）读得最大吸收值即为该元素所选用的有利条件。

3. 对光

（1）光源对光

调节灯座的高低、左右、前后位置，使接收器得到最大光强，从而获得最大灵敏度。调整方法可在不点燃火焰情况下，用白纸片放在入射狭缝或燃烧器的上方。元素灯的阴极光斑像应进入狭缝并在燃烧器缝隙中央（或稍靠近单色器一端）。

(2) 燃烧器对光

燃烧器的缝隙应平行于光轴，并位于光轴正下方，可通过改变燃烧器前后、转角、水平位置进行调试。调节方法可在燃烧器上方放一张白纸片，调节燃烧器前后位置，使光轴与缝隙平行并在同一平面上。再将对光棒（或火柴棍）垂直于缝隙中央，仪表透过率指标应从最大变到零（透光度从 100%～0%）。否则，仍需对燃烧器前后位置作进一步调整。最后把对光棒放于缝隙两端，观察表头指针读数是否大致相等，即透光度约 30%。否则，改变燃烧器转角，并对水平位置稍作调节。另一方法是点燃火焰，喷入适当浓度的铜标准溶液，调节燃烧器的位置，以得到最大吸光度为止。

4. 灯电流的选择

灯电流低，不会产生自吸变宽，光输出稳定，但强度弱，灵敏度低；灯电流高，谱线轮廓变宽，导致分析结果误差大。因此，必须选择合适的灯电流。喷入适当浓度的待测元素溶液，改变灯电流值，绘制吸光度-灯电流曲线。每测定一个数值后，仪器必须用试剂空白重新调节零点（以下实验相同）。

5. 火焰类型与助-燃比的选择

在原子吸收分析中，需根据元素的性质选择火焰的种类和类型。合适的火焰能够提高方法的灵敏度，同时减少干扰。对于易电离和易挥发的元素可用低温火焰；在火焰中容易生成难离解化合物的元素及形成耐热氧化物的元素，需用高温火焰。常用的有空气-乙炔及笑气-乙炔焰两种。由于助燃气和燃气的流量比不同，必然会影响到火焰的性质、灵敏度及干扰的程度。燃气流量试验是在所有试验条件不变的情况下，固定助燃气流量，改变燃气流量，测定吸收值，绘制吸光度-燃气流量图。也可固定燃气流量，改变助燃气流量，或两者同时改变。通过试验确定火焰类型属于富燃焰、贫燃焰或化学计量性火焰。表 38-1 以空气-乙炔气为例，说明不同燃助比时火焰的性质和特点。

表 38-1 火焰特性

火焰性质	空气和乙炔的适合流量/(mL/min)		特点
	空气	乙炔	
贫焰性火焰（中性火焰）	＞4	1	燃烧完全，温度较低，原子化区域窄，有较强的氧化性，适于解离、易电离的元素
化学计量学火焰	4	1	火焰层次清晰，温度高，燃烧稳定，较为常用
富焰性火焰	4	1.2～1.5	燃烧不完全，温度略低于化学计量焰，火焰层次模糊，呈亮黄色，还原性强，适于易生成难离解氧化物的元素

6. 燃烧器高度的选择

燃烧器高度影响测定的灵敏度、稳定性和干扰的程度。火焰中基态原子的浓度是不均匀的，因此，应使光束通过火焰中原子浓度最高的区域。元素的性质不同，在不同的火焰区域原子化效率和自由原子的寿命也不一样。可以上下移动燃烧器的位置，选择合适的高度。方法是，在点燃火焰的情况下，喷入待测元素标准溶液，调节燃烧器高度，获得最大吸光度。

一般分为：①当光束在离燃烧器高度为6～12mm的第二反应区通过时，该层火焰比较稳定，干扰少，透明度比较好，对紫外光吸收不强，但灵敏度低一些；②当光束在离燃烧器高度为4～6mm的中间薄层与第一反应区通过时，灵敏度较前一种高；③当光束在高度为4mm以下的第一反应区通过时，因喷雾器流的影响，火焰稳定性较差，温度低，干扰大，对紫外线吸收强，但对Cr、Ca等元素的测定灵敏度较高。

7. 雾化器的提升量和雾化效率

雾化器是原子化系统的主要部件之一，它直接影响试液引入最后转变成自由原子的数目。如果雾化效率高，相应地可以提高原子化效率。因此，对雾化器的要求是：喷雾量要多，雾滴要细而均匀。

一般通过测量提升量和雾化效率来检查喷雾器的性能。这里的雾化器指气动雾化器。

(1) 提升量

在一定压力、流量条件下，喷雾器在单位时间内吸入纯水的体积称为提升量。测量方法是，在正常开机几分钟后，计算1min吸入纯水的体积。一般提升量范围控制在3～8mL/min，但比较常用的是4～6mL/min。

当试样提升量小于3mL/min时，燃烧产生的热量充分，可维持较高的火焰温度；当提升量大于6mL/min时，燃烧产生的热量除消耗在试样分解外，还需蒸发大量水分，故火焰温度降低。同时，较大的雾滴进入火焰，未能完全蒸发，原子化效率下降，灵敏度低。一般来说，试样提升量为3～6mL/min时，具有最佳的灵敏度。可测定单位时间进样的体积，通过改变喷雾气流速及聚乙烯毛细管的内径和长度，以调节试样提升量。

(2) 雾化效率

在一定的压力、流量条件下，喷雾器在单位时间内吸入溶液，至雾化变成细小雾滴进入火焰参与原子化反应的体积与吸入总体积的比值，称为雾化效率，即

$$\text{雾化效率}=\frac{V_{总}-V_{废}}{V_{总}}\times 100\% \tag{38-2}$$

式中，$V_{总}$为吸入溶液体积，mL；$V_{废}$为排出废液体积，mL。

雾化效率与喷雾器结构、雾化室形状、绕流装置等有密切关系，要求雾化效率在10%以上。雾化效率越高，使用效果越好。

测量方法是，在正常开机几分钟后，用一定体积溶液进行喷雾。同时在废液排出管口接上一个干的量筒以接收和测量排出的废液。这样反复测量数次，取平均值。为了使测量数值更为准确，最好在正常点火的情况下测定。

五、注意事项

1. 测量某元素所选仪器的工作条件不是固定不变的，当同一元素用不同仪器测量时，条件也有差别，因此仪器工作参数优化是进行原子吸收分析的最基本操作。

2. 要选择某元素的测量条件，应先了解该元素的性质，借助前人提供的参数，自行设计测量范围，这样可提高工作效率。

六、数据处理

按以上实验步骤选择 Cu 的最佳分析条件，填入表 38-2。

表 38-2 数据记录表

测量元素	分析波长/nm	灯电流/mA	燃烧器高度/mm	气体流速/(L/min)		狭缝宽度/nm	雾化系统参数	
				空气	乙炔		提升量/(mL/min)	雾化效率/%

七、思考题

1. 仪器开、关的操作顺序是什么？为什么？
2. 原子吸收分光光度计为何应采用空心阴极灯作光源？
3. 影响火焰原子吸收光度测定的主要因素有哪些？如何获得最佳分析结果？
4. 仪器在静态条件（未点火）及动态条件下，吸光度和能量不稳定的可能原因有哪些？如何解决？
5. 逐级稀释溶液的浓度应考虑哪些因素？